◆国家社会科学基金项目"乡村聚落语境下的生态美学实证研究（批准号15CZX061）"

◆浙江工业大学小城镇协同创新中心基金资助

从乡村地景、乡村美学到乡村可持续发展

黄　焱　著

浙江大学出版社

自　序

近年来,在政府的关怀下,各个学科领域的专家学者以及普通民众从各自不同角度对中国乡村开始了持续关注。这种关注涉及美学、社会学、建筑学、风景园林学、规划学、设计学、文化地理学、人类学、心理学等众多学科领域。人们投入热情,表达各自对乡村的感受、看法和认知,也提出了一系列问题。

乡村是一个复杂的综合体,涉及自然、社会、经济、文化等方方面面。乡村是中国社会之根、文化之魂。然而,在乡村发展的历史上,不少老问题至今尚未很好地得以解决,而新问题却层出不穷。

过去几年,笔者因工作深入乡村开展互动,以乡村规划设计实践为引,同时与我从小时便开始的哲学兴趣有了一次良好结合,完成此书撰写。该项研究 2015 年获得国家社科基金项目的支持。希望本书的出版能对乡村相关领域做一次系统梳理与总结。同时也希望不同类型的读者,特别是那些对乡村问题感兴趣并且愿意以不同角度去思考问题的读者能够通过阅读本书获得启示,发现一些研究乡村问题的新思路新方法。

谨以此书向我的妻子王晓申致谢。在过去的岁月里,她一直参与我的思考,提出珍贵而中肯的意见,并一直给予最大支持。感谢吕勤智教授,他很早就鼓励我开展这方面学术专著的写作。最后,我想感谢本书的责任编辑冯社宁先生的不断鼓励,以及浙江大学出版社的工作人员。此外,还要向许多对乡村调研工作给予帮助的朋友和老乡致以诚挚的谢意。

    建设一个属于心灵家园的乡村,是许多国人的梦想。我想让阳光照进梦想,它应该是生活着的真实。

                                        黄　焱

                                        2020 年 9 月 12 日

                                        写于杭州寓所

目　　录

第一章　乡村与景观

一、乡村与乡村景观

1. 乡村,何为乡村

乡村,什么是乡村? 乡村和农村有哪些区别? 如果不去深入探究词义,或许很多中国人也无法弄清乡村和农村这两个词语的内涵与差别。从学术角度和语言角度来看,乡村和农村这两个词语是无法等同的。一方面,乡村和农村在学术体系中有着不同的背景。另一方面,在不同人群、不同场合应用的语言系统中,这两个词语也有着不同的语境。与强调产业属性的农村概念不同,乡村是一个更多关注地域的概念。但实际上,乡村两字的由来是中国古代行政体系。乡最初只是指方向,后来因乡里制度的出现,而逐渐成为国家政权的基础组织。而唐代实行的是村—里—乡基层行政体系,这个行政体系奠定了村作为基层行政组织的传统。村的设置范围是"在田野者为村",而里、乡的设置则为"百户为里,五里为乡"。乡村不仅是一个带有行政地域意义的概念,同时它也是一个面域的概念。而农村则更多地聚焦于基层行政组织村的层面上,它更关注其产业属性,是一个点域的集合。因而,乡村和农村这两个概念只是使用范围和侧重点的不同。

乡村作为一个概念,它在不同的学科背景以及不同的语境下都有着不同的释义。如何去界定乡村概念的内涵与外延,也就成了乡村问题研究的一部分。笔者认为,乡村首先是作为一个与城市相对的地理区域概念。同时,乡村也是一个极其复杂的系统,它包含着生态、经济、社会等诸多方面的内容。由于乡村是作为与城市相对的概念,两者间存在相互转化的现象,并且两者本身也随着时代变迁而发生着动态演化[1]。脱离特定的时代背景,而就具体的地理区域来空泛地探讨乡村概念,并没有太多理论价值与现实意义。我们认为在当前中国,乡村是指以农业景观为主要景观风貌,以乡村聚落为主要居住形式的空间复合体。此外,从语言学的角度来分析,在现代汉语中,乡村兼有名词和形容词两种词性,它是具有核心地位的乡土概念之一。而在英语中,由于实际缺乏与之完全对应匹配的词,因而通常是以词意较为接近的 rural,village 两个单词来表示乡村。但事实上,rural 一词仅具有形容词词性,只是用来限定或解释核心概念的辅助性词。而 village 一词主要意指村庄,也即等同于乡村聚落。

作为历史悠久的农业大国,中国有着其独特而深厚的乡土观念。中国农民对土地充满了崇敬与眷恋之情,他们这种与生俱来的乡土意识,来源于漫长的农耕社会中形成的乡土社会,以及人们与之建立的乡土关系。根据一些学者的分析认为,"乡"是世代居住的场所,而"土"则是生活的根基[2]。在本书中,笔者也持类似的观点,认为乡土是农民赖以存在的可能的场所。继而在中国的历史文化背景下,同时也产生了具有社会内涵和文化内涵的乡村概念。乡村是乡土文化的重要载体,它既是村民的生产空间和生活空间,也与周边的山水环境构成了文化上的某种契合。

建设一个属于心灵家园的乡村,一直以来是许多中国人的梦想。这种梦想,既是人们心灵的寄托,也是出于现实的需要。喧嚣的城市,车水马龙人来人往,热闹繁华,但体量庞大、尺度巨型、钢筋水泥林立的现代城市,有时却让人产生一种心理上的疏离感,人们迫切需要一片宁静的可以安放心灵的土地。今天,不少人向往着自然,这种自然并非藤蔓荆棘丛生、令人生畏的原始大自然,而是人化后的自然,是经过人的驯化,与人和平共处的温和的自然。在某种程度上,乡村就是这样的一片土地,它不仅具有自然景观的复杂性,而且还保持着自然深处的生命力量感,但这种力量感是处于人类可接受的安全距离之内的。人们在乡村生活时,可以继续保持人类社会所必需的安全感和社群感,而在与自然亲近时又能保证人类文明的基本需要。

2

2. 景观,还是景观

一般认为,景观(landscape)是融合了实体与空间的一种物质存在的基本形式,它可以被看作是随着时间的推移,经过自然因素和人文因素的共同作用,以及两者间的相互作用所产生的大地上一种特定的可感知形态[4]。景观,不仅涵盖了人类物质与精神、生产和生活的各个方面,同时也是人类社会、经济、文化等活动的基本载体。在学术界中,景观的概念早已不局限于有着可识别特征的大地上的有形实体,而是扩展为一种认识事物和理解事物的框架体系与方法。

景观被看作是一个区域中文化和自然遗产多样性的集中体现,是人们生活空间特性的基础。景观不仅是人类外部环境的功能结构要素之一,同时也是自然面貌与人类活动影响下形成的有机结合体,是自然因素和人文因素经过多层次叠加而成的复杂系统,它包含了特定的视觉特征与生态特征。景观的这种自然与文化相互融合的特点,使其具有了完善人类社会的组织结构及功能、保护历史风貌、构造特征化的人居环境空间以及营造文化氛围等种种作用。由于自然因素和人文因素具有复杂性与过程性,因而也随之产生了景观的多样性和动态性。这种景观的多样性和动态性又给予以不同的视角去解读景观内涵与意义的可能,使得景观又具有了多义性。而且,人类社会对于景观功能的需求也并非是固定和一成不变的,这种需求随着人类社会的发展以及使用者的不同而存在着差别,具有无穷的变化可能性。由此,不仅促成了千姿百态和变化无穷的景观,并且景观在形成后,仍然会随着时间的推移而自身发生演化。因而,对于景观而言,变化是绝对的,不变是相对的。

景观,体现着一种社会关系。而社会关系的建构、维系不断呈现了景观的存在形成的某种象征性的表达[4]。景观是由社会规则所组织的,是基于社会变化中的关联、关系相互作用下的结果。景观不仅仅是一种表现具象形式,而且也是一种不同模式逻辑下的相互的、辩证的作用的表达。而且,社会关系的变化也会促成这种表现的变化。景观的结构在一定程度上与社会的构成有着密切的关系,即以一种图景方式来表征或象征其周围环境。也因此,景观不仅是单纯地表达土地的自然逻辑,而是将社会关系自然化后融入景观的图景之中。

景观就是信息传递的媒介,它把抽象的思想,或者哲学的思考转化为视觉形式传达给人们。当世界直接呈现于我们面前时,我们并不能直接了解这个世界,因为我们通过感官接收到的信息是纷繁芜杂的。正是由于这个原因,我们对于如何认识这个世界感到困惑。因而,人类在与世界对话的过程中,创造了自己所能理解的代表世界的表现形式。这种表现形式有其特定的顺序、结构和意义,被我们认为是其所代表的世界。景观,也被人们理解为这种表现形式的一种,它帮助我们创造了一个有意义的、形象的世界。在某种情况下,景观可能只是某些并列或是散乱的,随意排置的符号,它并没有为我们提供整体性的含义。但由于能指的存在,景观具有了象征内涵,因而具有了重要性。这种内涵是由人类创造用以传递信息,或将其解读来作为证明真实世界或另一个世界的存在的证据。

无论多么平凡的景观都有其文化内涵[5],而其文化内涵又揭示了当地独特的文化传统[6]。人们很多时候并不是有意识地塑造景观,而是渴望寻找到这些形式,以减轻自己的存在焦虑,从而确认自己存在的意义。景观是一种文化图景,以可识别的形象方式表示或象征环境[7],从世俗与平淡的生活中发现诗意的美学。从文化方面去解读景观,与景观图景的层面相比,前者具有更多可能性。景观既可以是特定历史文化语境下的集体记忆、集体文化、集体想象的投射,也可以是个体的文化趣味或是想象的投射。景观,特别是文化景观,在很大程度上是人类兴趣和人们活动的产物。在特定的文化背景下和具体的自然环境基础上,人类会按照自己的兴趣或者生活的需要开展相关的活动,建立和建设相应的景观以符合自身目的。而在这个景观形成的过程中,也会融入人类群体对场地和对文化的理解,以及注入自身的情感。

3. 乡村景观与其相近名词解析

对于上文中出现的聚落、农业景观和乡村聚落这几个名词以及本书的重点乡村景观的概念,接下来将会做出基本解析。

农业景观指的是由农业塑造的景观。聚落一词则产生久远,古代,聚落意指乡村居民点[8]。而近代以来,聚落则是人类各种形式的聚居地的总称,聚落是人类适应和利用自然的产物。而乡村聚落则是作为乡村地区人们的聚居地。一般而言,它属于政府有关部门定义的,农村地区的任何定居点。它既是人们居住、生活、休息和进行各种社会活动的场所,也是人们进行生产劳动的场所[9]。从更一般意义而言,乡村聚落主要包括村庄和集镇两大类型[10],既包括单家独院或几户农宅零散分布形成的散村,又包括由多户人家聚居一处形成的集村,也包含尚未形成城市建制的乡村集镇[11]。而一般意义下的村落,则包括散村和集村。从实际现状来看,村落是乡村聚落三种类型中最具代表性的类型和主要组成部分,所以人们也常以村落来指代乡村聚落。我国的村落疏密不均,星散状分布在中华大地的各处,无论是大海之滨,还是深山密林,无论是茫茫雪原,还是边疆大漠。各地的人们操着南腔北调的方言,在属于自己的土地上生活着,耕种着,编织着,酿造着,捕猎着,建设着。在漫长的历史长河中,各地区逐渐形成了各具特色、有着丰富文化内涵的村落。体量较大的集村更在村落内部形成了功能多样、层次丰富的景观,有主次巷弄,有祠堂庙宇,有戏台水井,更有数量众多民宅或聚或散分布其中,而农田则作为外部圈层围绕着村落中心向大地四方延伸[12]。

就聚落形态的相关研究来看,乡村聚落可以被认为是一种特殊类型的文化景观,它在景观构成上包含了人工要素、自然要素等不同景观要素。乡村景观不仅是乡村聚落的组织形态,也是乡村聚落的表征。并且它还是乡村地域内承载人居环境及其相关行为的景观空间,能够提供生产和生活服务的景观空间,由聚落景观、经济景观、文化景观和自然环境景观组成[13]。乡村景观是文化景观下的子概念,是景观在乡村地区所形成的特定类型,具有特定的景观行为、形态和内涵[14]。乡村景观是由经济、人文、社会、自然等多种因素作用下形成的现象。与农业景观相比较,乡村景观所涵盖的内容更加宽泛。与此同时,它也具有更明显的文化特征。

肯尼思·奥尔维格认为,在乡村地区,景观并不会被感知为风景[4]。景观对于当地的居民来说,不只是基于田野、树篱和村庄等元素特殊组合而产生的视知觉,它们是乡村社会和乡村文化的具象化表达。由此可见,理解景观并不能局限于视觉审美层面,更需要探究景观背后其社会、文化层面的内涵。在乡村景观中,人们可以自由地生活其中,因而乡村景观是一种生活中的景观。村民们在长期的乡村生产生活中,逐渐发展出对景观的个体意识和多重的地方意识。这与通常游客视角所理解的风景含义下的景观有本质区别。如果要从当地村民的角度来对乡村景观进行解读,就需要从一个整体景观概念的内涵与外延来考虑,包括关注当地农业手工艺实践,以及社会文化生活等方方面面的内容。在乡村景观中,场地中的每一个元素都有其表征和隐含的多重含义。对于生活在这里的村民而言,景观既是一种生产活动方式的表达,也是一种生活方式,同时也是社会、文化和政治关系的物质基础。从当地村民的视角对乡村景观的解读中,我们可以寻找到更多的景观多义性,其中的元素可以被解读为更深层次的含义。由这些含义引发形成了乡村景观的形态,并经由村民对景观的使用表明了人们赋予它们的意义与形态间的关联性,而这种关联性并不总是与景观类型有关。

景观可以被解读为作为统一的整体,而它们中的每一个组成部分,总是可以通过功能或是形式与整体相联系,或作为整体概念下的特定社会、文化和政治单元。对于村民而言,乡村景观之于他们是证明他们是谁,如何存在的标志。由此,由他们塑造的乡村景观就具有了象征的含义与意义。这种乡村景观传递和表达了村民希望别人如何去看待他们的情绪。因此,乡村景观可以被解读为一套符号系统,这是人们为了传递他们的想法,或仅是出于表达他们所发现的某种内在秩序——这种秩序或者是关于如何理解自然的,或者是关于部落宗族神话的,又或者是关于宗教信仰的。

乡村景观内向并融于自然之中,当乡村景观元素被放置于某个地域与环境以后,其所有的表达都是自我与环境的融合,而并非是与环境的对立。乡村景观在聚落和自然之间建立了一种平衡的关系,两者保持着微妙的有机联系。乡村聚落和自然没有对立冲突的表达,而是自然而然地相互包围融合。聚落和自然两者之间并没有明显的边界,它们之中的一切都相互渗透着,而最终所有界限都悄悄消融,融为一体。

乡村景观同时还是一个符合农业生产的空间模式。随着农业生产体系的不断发展,乡村景观的空间模式也在不断调整以适应这种动态变化。在传统农业时代,农业是一个公共领域的活动与技能。虽然有着技术相对粗糙、生产力较低的时代局限,但它也具有适应性强,接受度高等特点。同时,传统农业活动并不构成对自然太大的威胁。因而,在使用传统农业技术的乡村之中,乡村与自然易形成和谐、互利的共生发展关系,从而也能够产生功能有机统一、形态变化丰富的乡村农业景观。

在中国这片幅员辽阔的土地上,各地存在着丰富多彩的乡村景观。它们之中既有富含人文历史内涵的人文景观,又有着农田、森林或者湿地这样的以自然风貌为主的自然景观。理想的乡村景观应遵循人与景观共生发展关系而展开,能够充分展示丰裕的生产力、淳厚的文化力和强健的生态力,在自然生态环境保护延续与乡村的可持续发展之间达到良好的平衡。

二、乡村景观的属性

乡村景观属于文化景观的一个子类。文化景观是在自然景观的基础上,受人类活动影响、塑造而形成的景观[15]。文化景观是通过文化叙事和地域身份表达而形成的人类作品。因而对于乡村景观而言,其自然属性与社会属性二者是共同统一于文化景观的内在属性之中的。乡村景观的自然属性是其社会属性赖以存在的基础,但与此同时,乡村景观的社会性又制约和影响着乡村景观的自然属性表达。

乡村景观是我们国家与民族的宝贵财富和历史遗产,它揭示了我们国家的起源和发展的各个方面,以及我们与自然界不断协同演化的关系。它不仅一直为人们提供关于食物、栖居、生活、风景、经济、生态、社会、娱乐和教育等种种机会,而且帮助人们更好地了解自己。

1. 乡村景观的自然属性

自然属性是乡村景观的第一特性,这是由于乡村景观孕育于自然,成长于自然,它以自然为本底。当我们拨开乡村发展的历史,就可以清楚地发现,一个富有活力的持续发展的乡村景观必然是与自然有着良好融合关系的。只有自然才能为乡村带来源源不断的生机,带来无穷无尽的活力。由此可见,自然性是乡村景观的第一属性。

乡村景观的自然属性隐含着自然与生俱来的开放和包容的品质,使得乡村景观能够很好地包容与适应各类事物。乡村景观利用空间去包容一切可能,用时间去适应一切变化。这种包容适应既包括了包容适应自然,也包括包容适应人类的各种活动及形成的各种景观。乡村社会始终面对着多方面的挑战。对于当前乡村,所面临的主要问题,包括人与自然的关系地位问题,保护环境与发展经济之间的协调问题,传统农业与现代农业的道路选择问题等多方面、多层次的问题。而乡村景观作为乡村社会的物质基础,通过利用其自然属性中适应包容能力,将为解决各类问题奠定基础性和框架性的作用。

乡村景观的自然属性,支撑起乡村成为一个具有形、色、体的可感知形象。具备一定空间形态的乡村景观,在大地与天空之间撑起了一片属于自己的别样风景。由此,乡村赋予了人类对乡村景观进行审美关照的机会,为人的审美活动提供了兼有自然特色和人文内涵的对象。由此,乡村为人的身心愉悦,人的全面发展,人与环境的和谐共生创造了新的可能。

众所周知,中国是一个有着多山多水自然环境的国度。由于人类向往自然的本能,使得中国人在文明发轫之始便开始关注山水等这样一些自然元素,中国古人所醉心的"山水文化"因此应运而生。在关注山水、领略山水的同时,也让中国人对山水自然属性逐渐有了了解。在千百年与自然的博弈中,人们了解到"取法自然,顺势而为"的重要性。因而在中国乡村中普遍树立了尊重自然、善用自然的伦理价值观,在乡村中保留较为完整的自然风貌,乡村景观也有着较为突出的自然属性。

乡村景观的自然属性不以人的认识为目的,也不以满足人的功利需求为目的。但乡村景观的内在自然属性客观上要求人在对待乡村景观时要尊重自然,与自然平等和谐相处。另一方面对于人而言,乡村景观需要真实地还原乡村中紧密的人地关系,使人地关系融合而不是彼此割裂,相互孤立。乡村景观只有真实反映并强化人地间的紧密纽带关系,其所拥有的各种价值才能得以实现。只有具有这样的乡村景观,乡村社会才能平稳发展、持续繁荣,而不是成为无根之花,渐渐陷入死循环。

2. 乡村景观的社会属性

乡村景观的另一种属性是其社会属性。由于人类活动持续不断影响,乡村被注入了丰富的社会文化内涵,乡村景观在自然属性的基础上延伸叠加产生了社会属性。乡村景观作为文化景观,社会属性是其不可或缺的重要属性。中国人在千百年的乡村发展历程中,不仅在文化上形成了关注自然重视自然的传统,同时也赋予了景观众多的文化内涵与人文属性。在乡村景观的组织布局、风貌形态及使用利用方式上都反映了当地乡村的文化传统、村民习俗与信仰。乡村景观是乡村社会行为和个体行为的表达产物,随着时间的推移,体现在这些乡村景观特征中。而这些特征,反过来也反映了乡村的社会属性。

如果仅仅把乡村景观看成是农业附属景观及配套的人类生活区,则这种乡村将会失去乡村应有的生动性和人文感,仅仅是为了农业生产而生产的一个乏善可陈的高效"农业生产工厂"。乡村景观必须有其应有的文化社会空间,而乡村景观的社会属性为乡村景观赋予了这种可能。值得一提的是,乡村景观的社会属性与自然属性所赋予景观的不同形态风貌与内涵也给人以不同的体验感。自然属性更多影响的乡村景观,让人在体验乡村景观时获得一种对于生命张力的欣喜愉悦,纤毫毕现的动容乃至对所折射地球生态系统神圣宏大的体悟。而社会属性更多表达的乡村景观,则会让人们获得一种因为文化认同而产生的安全感和归属感。

乡村景观具有满足村民个人需要和乡村社会需要的双重功能。因而,乡村景观也承担着维系乡村社会的职责。其景观形态最终反映了村民群体的文化传统和生活方式,反映了村民行为心理的文化内容与质量。总的来说,乡村景观一方面为村民的行为活动提供了空间和场所,另一方面,它也为村民的精神文化生活提供了审视对象和形象容器。功能化的、自然朴素的乡村景观,在其内在的价值和使用功能上符合村民对于景观的实际需求。

在中国传统文化中,自然实际上属于一种文化意识形态,古人在体悟山水、体悟自然的过程中,更多的是理解山水自然所承载、象征的文化内涵、对人世的指导借鉴意义。因而,传统思维和传统美学就是人们对于世界的体察,其实质上也是基于具体的物质形态的一种精神寄托。中国的乡村景观在本质上,反映了中国特有的文化背景和中国人特有的哲学思维方式,即传统儒家"天人合一"的思想文化和道家自然崇拜的思想内涵。因而,乡村景观就是中华先民在千百年积累传承下来的生存艺术,是一种在改造自然、认识自然的过程中,形成的人、社会、自然三者的共生景观,共生发展艺术。它以人类为主体,以景观为客体,构建了从现实通向理想的桥梁。

三、乡村景观的特征

1. 融合性

在生产力低下且经济尚不发达的传统社会,人类的活动在很大程度上依赖并受限于自然环境,而人类所创造的文化景观也是在自然景观基础上的利用与改造。乡村景观区别于其他景观的最大特征,是在空间维度上生产和生活的高度融合。这种融合性在于乡村景观深层次地以农业为核心的价值导向。农业能够为封闭的传统乡村带来自给自足所需的物质资料,给予乡村社会稳定存在的物质基础。反过来,乡村景观也需为促进农业生产创造各种条件,直至包括在精神文化层面上建立农业文明图腾以及农业文化传承机制。

农业发达地区的乡村景观,呈现的是一派欣欣向荣、富有活力的景象。而在农业不发达地区,乡村景观则往往是凋敝衰败、荒芜颓废的景象。为了适应农业生产,乡村景观需在形态上进行调整和优化。如聚落常沿水系布置,与水位涨落幅度过大的水系保持一定距离,以防止洪水漫灌入侵村落;聚落周边的适宜位置常设置空间场所,修建景观设施,服务农业生产活动,例如晾晒场、谷仓、磨坊、堰坝等。以上这些生产、生活相互融合的景观,实际上也是一种朴素的初级生态文明所应呈现的景象。

2. 稳定性

村民在塑造乡村景观的过程中,也在不断地适应周边的自然环境。由于乡村的合理选址和布局,以及人类长期有意识地进行和从事定向活动,故而乡村大多形成了结构稳定、功能健全的景观系统。在这个长期的过程中,人们积累了丰富的适应性经验。而当这些适应性经验以文化的形式保存下来,就形成了一种保持景观稳定延续的系统机制。乡村景观的稳定性特征,就是乡村景观与外部环境之间达成的一种平衡状态。一且这种稳定平衡状态形成后,人类所创造的乡村景观对于环境的适应就开始通过负反馈系统机制进行选择性强化。对于不同的外界因素,形成或结合,或排斥的不同应对反应,即有助于系统长期稳定平衡的则选择性结合吸收,不利于平衡稳定的则排斥消除。这是因为,已经定型的乡村景观具有最适应当前平衡稳定状态的结构和功能。所以,乡村景观的这套负反馈系统机制是其形成稳定性特征的关键。不过,一旦突破了这套负反馈系统的调整能力,系统压力超负荷之后,平衡稳定的状态将会遭受破坏。系统重新进入一个新的不稳定状态之中,需要长时间的各因素相互磨合,才能重新建立起新的平衡稳定状态。这种建立新平衡的突破是跨越人类历史的"平台期"的必经过程,因为人类历史是呈螺旋式向上发展的。

3．动态性

作为乡村景观基础之一的农业系统,是一个同时受正反馈和负反馈共同作用的系统。其中的负反馈趋向将系统维持在平衡态,而正反馈则会放大某一因素的作用效果,使得系统偏离平衡态。而乡村景观中的聚落景观也由于人类常态化的微更新微适应活动通常也发生着缓慢的演化。因而,乡村景观虽然在总体上是以稳定为特征,但内部仍然发生缓慢不易察觉的细微变化,同时其还受到难以把控的外界因素以及自身系统中的正反馈作用机制的影响,因而这种稳定中孕育着变化。从长期来看,乡村景观的变化是绝对的。

乡村景观既无可能也无必要保持绝对恒定,其特征中必然包含动态性。乡村景观的动态特征,可以是不改变其基本结构和功能的外观风貌上的变化,例如作物、自然地带性植被的季相变化,河流的涨落起伏等。也可能是在结构和功能上发生根本性变化,例如受气候和人类活动的影响,一些曾经以依赖自然资源大量消耗而形成的村落,如渔村、林村,或者是趋向消亡,或者是通过转型而成为其他类型村落而重获新生。形成新平衡稳定态的动态过程,短则几年,更为常见的是以几十年乃至上百年为变化周期的。尽管在短时间里,这些变化可能细微而无法察觉,但也不妨碍乡村景观具有动态性的特征。

4. 斑块性

受到光照、水源、地形、交通等环境要素的影响,使得乡村景观在空间上呈现着高度差异。景观内各功能单元因对各类要素要求的多寡不同而在空间上形成了集聚分散等现象。环境要素的差异性带来了乡村景观内部的差异性分化。

尽管在乡村尺度上,乡村景观整体呈现着基本一致的风貌。但当我们以更加细微、更加微观的尺度去观察乡村景观时,则可以清晰地看到乡村景观所具有的斑块特征。乡村景观内部存在各种不同功能形态的斑块:生产斑块、生活斑块、自然斑块镶嵌其中,形成了丰富多样又有机融合的乡村景观。这种斑块镶嵌的景观,其出现是环境因子时空分布的异质性导致的必然结果。同时,斑块性的乡村景观也反映了人类在一定科技条件下,有限的生产力在对土地适应下所做的富有成效的实践,它是人们为了多样化最优化的生产目的和生活需要做出尝试所获得的现实结果。

5. 审美性

我国幅员辽阔,各地独特的地形地貌、气候水文、土壤植被等自然禀赋的差异,再结合富有地方特色的人文因素,就创造了独一无二、各具魅力的乡村景观及其丰富的审美性。中国乡村景观以山水农田为审美形成基础与框架,以农事活动和乡村生活给予审美现实依托与活力,以人文历史赋予审美以内在灵魂与内涵。

一直以来,人们从未停止过对于景观美的寻觅与创造。景观作为人们的审美对象,它所具有的属性和特征给予人们特定的审美体验。这些审美体验有感官的、有情感的,也有心灵的,它们能使审美者从景观中感受到由浅及深的多层次丰富的审美体验。乡村景观代表了乡村发展一定阶段所形成的综合风貌,它虽不能代表乡村的全部,但却是展示其魅力的一个综合平台。在人类文明发展的过程中,人们对于乡村景观审美价值的挖掘与营造,始终贯穿于乡村的发展和建设之中。因而,乡村景观的审美是乡村空间配置和乡村发展的基础和依托。

四、乡村景观的功能

乡村景观在与周围环境的协同演化中,通过行使生产功能、生态功能、美学功能、文化功能来维系自身的存在。

1. 生产功能

对于人类社会而言,乡村景观的生产功能始终是第一位的。乡村景观的生产功能,是指乡村生态系统从周围环境中吸收物质、能量、信息,使其系统保持正常运行并且能够生产出满足乡村发展所需的物质资料与精神文化的功能。乡村景观的生产功能首先是提供空间,空间是乡村景观的所有功能行使作用的场所。继而景观与环境交换物质能量、交流信息,促成乡村正常运转所需的物质与文化的生产。在其中,最主要的是农业生产活动以及围绕农业所产生的农耕文化活动。

为了维护系统的稳定,乡村景观系统会选择性地吸收外部环境中的物质、能量和信息,以适应自己相对稳定的结构和功能,维持系统的稳态延续。同时,乡村景观利用自身系统的缓冲能力还可以适当吸收冗余的物质、能量以及信息,以备在未来可能出现的外部补充不足情况下,仍能通过自身系统"库"的缓冲机制维持平衡。甚至在系统平衡被打破后,也可以较迅速地恢复。因而,这种缓冲机制对于乡村景观的稳定生产有着重要作用,是系统保持稳定强健的关键因素。

2. 生态功能

乡村景观属于自然属性较突出的人类生态系统的一部分,承载着重要的生态功能。乡村景观具有从外部环境中获取物质、能量、信息进行处理、转移、清除的功能。因此可以承担基础生态屏障,水源涵养地,野生动植物栖息地等角色,对于区域的生态平衡起着十分重要的作用。在这一系列的生态功能中,其植被与水系两类景观元素是两类最主要的生态功能承载者。植被具有固土滞尘、吸收有毒有害物质、释放氧气、净化空气等作用。而水系作为带状元素,起着景观廊道的作用,它不仅可以作为众多生物的栖息地,也可以作为屏障,过滤和屏蔽河流两岸的物质联系。此外,水系还可以作为物质能量的运输通道。在一些生态脆弱的乡村地区,例如喀斯特地区、黄土高原地区等,乡村景观的生态功能就显得尤为重要。这是因为在这些地区,生态功能是关系到乡村生存的最为关键的因素。乡村发展可以通过产业转型发展来调整,但生态功能的基础作用却没有任何可能通过其他方式来替代。只有从根本上重视生态功能,才能实现乡村景观其他功能的正常运行。因此,在乡村的空间配置过程中,一定要特别注意保持乡村景观的生态功能,这是乡村可持续发展的基础和保障。

3. 美学功能

乡村景观的美学功能指的是人们在乡村景观中生活、生产、休闲、旅游时所获得的身心放松、愉悦、满足的体验感受。乡村景观蕴含着独特的地域特点,并能将历史文化内涵融合于景观之中。因而,它是一种充分利用大自然所赋予的自然禀赋和地方的文化特色,将自然与文化高度融合的文化景观,具有丰富的审美价值。而当这种审美价值通过审美体验,传递给村民和游客时,人们会真切感受到乡村中人与自然,人与人,自然与文化之间的平等和谐美好,以及自然和文化各自蕴含独具特色的魅力与内涵。

乡村,它所呈现的鲜明地域风格、悠久的历史文化景观,丰富了人类的美学视野。在乡村历史地景中人们可以感受到因地制宜的合理布局和巧夺天工的精妙设计,这种具有代表性的独特地景,充分融合了当地的地形、气候、人文等各种景观要素,是独一无二、不可替代的审美存在。具有丰富深刻的审美价值的乡村景观,传递给人们的对于美的感受已远远超出景观的视觉表层,而是一种触动人类心灵深处的情感,这种美的传递是以景观为媒介与人们心灵的直接联系。

4. 文化功能

乡村景观是文化、自然相融合的综合体,也是文化与自然两者之间发生相互作用的界面,它反映了人地关系长期演化的过程。这种作为文化和自然的作用下共有界面的属性,使得乡村景观成为一种由有形的和无形的文化遗产、自然遗产共同编织而成的关系网,成为一个记录社会历史演化的实体。乡村景观不仅承担着历史文化传承和发扬的角色,还承担

14

着乡村与其遗产,人类与其环境的纽带的角色。

Lewis 曾言"为了了解我们自身,我们必须将景观理解为文化的线索,然后在景观中予以寻找。"[5]因而,景观不仅是我们肉眼所见的事物外表所呈现的状态,也需要通过文化去解释和翻译它,从而更好地了解我们自身。由此,景观可以被视为是一个融合了个体的空间体验和记忆的文化建构过程。另一方面,由于乡村景观的文化背景会随着时间的推移而发生变化。因而。我们在解析景观、还原文化时,还需要以历史背景作为线索。这会涉及下文将出现的乡村历史地景方法,稍后会对此方法做阐述与解析。

乡村景观将乡村历史遗产与乡村社会结合起来,成为乡村文化的一种综合表达形式。乡村景观文化功能的一部分作用是塑造人们的身份认同。因为乡村景观的存在,其所塑造的空间,其所象征文化产生的向心力,让村民们获得了身份认同感[16]。因而,基于特定乡村文化所呈现的乡村景观,就是这个时代最重要的文化表达之一。从这个层面来看,解读乡村景观将促进人们加深对自身的了解,加深对社会与环境的认识,提升对人类文化的认知,继而推动人类文明的发展。

五、乡村景观之于乡村的意义

从历史走到今天,世界各地的乡村已发生了诸多变化。乡村景观则是千百年来村民在生产生活中与自然相互作用所形成的共生产物,它体现了人类对自然现象和自然过程的理解与适应,也展现了人类强大的适应力和不凡的创造力。

1. 乡村景观的物质基础意义

对于乡村而言,乡村景观所起到的作用,首先是其奠定了重要的物质基础。乡村的正常运行,离不开景观作为物质基础。内涵丰富、富有变化的乡村景观是乡村各项功能得以正常运转最重要、最基本的物质基础与保障。这种景观的物质基础作用,贯穿于经济、文化、生态和社会等各个领域。乡村的经济功能、文化功能、生态功能和社会功能均依赖于景观及以其为基础构建的内外联系的景观系统。景观系统的完善与否,功能正常与否,都关系着其他维度能否正常运行发挥作用。鉴于此,通过对乡村景观的保护、管理和提升,将有助于乡村经济的发展、地域文化的建设和保护、生态服务功能的持续发挥作用,以及乡村社会的稳定与归属感的维系。

营建得法、格局合理的乡村景观,可以促进乡村自然资源和人文资源的合理开发利用,可以提升村民的生活质量、提高生产效率,对于当地的经济建设和生态保护有着重要的推动作用。乡村景观中的生产性景观(以农业景观为主)可以生产出乡村所需的粮食,蔬菜,农副产品;自然生态景观能给乡村带来洁净的水源,肥沃的土壤,有用的木材,美丽的风景;人文景观(以乡村聚落景观为主)为乡村文化传承,精神塑造提供有力的支撑。设置合理的景观,能大大降低乡村经济成本和社会成本,有效提高乡村的资源承载力和转化效率,实现整个乡村良性循环发展,促进乡村经济和生态的可持续发展。

景观在文化中既拥有空间的维度,也拥有时间的维度。由于人文元素的注入,使得乡村景观由单纯的自然景观转化为文化景观,继而纳入到人的社会。由此,乡村景观就成了人类社会中富有意味的场景、环境之一。乡村也完成了对于人类社会意义的构建。与乡村景观交融的人类情感、文化,因为景观而成为符号,与乡村一同延续至今。在过去千百年来形成的融合各地文化风俗、人类情感的乡村景观,不仅为村民提供了生存与发展的物质基础,而且创造了由众多村民共享的人文世界。乡村的每棵树、每幢房屋甚至每段残破的土墙都蕴含着丰富的历史文化信息。景观中所蕴藉的历史文化信息通过村民的识别、感知后再一次被激活。在获得村民认同后,重新被乡村社会所接受,从而促成乡村的文化传承以及历史延续。

2. 乡村景观的审美意义

在乡村之中,人们要开展各项活动,同样需要依赖景观所提供的空间作为载体。在特定的空间环境中,借助乡村景观所特有的风土人情,为村民以及外来游客带来身心愉悦、心智提升的体验。其中,很重要的一部分体验就是审美体验。村民以及游客在对乡村景观的审美感知和审美体验中,获得了审美愉悦,继而形成了对乡村的文化认同与身份认同。基于此,乡村景观在视觉印象上被赋予了美的特征。因而,乡村景观就成为重要的审美对象,并具有深刻而广泛的审美意义。下面,将对乡村景观的审美意义做深入解析。

首先,对于乡村景观的理解与认识的加深,帮助人们增加对幸福感的理解,这种幸福感来源于对融合了自然因素与人文因素环境的认同。美国学者阿诺·伯特霍尔德·卡默勒曾在 *Park and Recreation Structures* 一书的前言指出:"在任何地方,保护自然景观是最主要的目的,每一个对自然景观的小小改变,即使是修一条小道或一间小屋也会对它造成干扰。如果必须建造,就必须使环境干预最小化。除了美观以外,还必须与环境相结合。"[17] 在一定程度上,乡村景观正是做到了对自然环境最小化干预的一种景观。因而,在对乡村景观的审视中,我们需要领悟人类应该如何做到克制与大爱,才能达到与自然的和谐共生,理解乡村的边界在天与地接壤的无穷处。

其次,较之于大城市令人压抑的快节奏生活,乡村缓慢的生活节奏,能够让人身心平静地去领略生活的真谛,放慢脚步去欣赏沿途的风景。亚里士多德认为"人唯独在闲暇时才有幸福可言,恰当地利用闲暇是一生作自由人的基础。"闲暇能让人获得平和的生活态度,是探索人的本质、生活目的的一把"钥匙"。[18] 因而,闲暇就是人类灵魂深处的最根源动力。这其中的审美体验,是人最接近人的本质的一种闲暇活动。人们进行审美体验的最终目的,是为了满足人的审美需求,以及追求人的自由而全面的发展。而人的自我解放和全面发展,则是人类社会发展的根本目的。只有人的全面发展,社会才能不断进步。因而,审美的存在是为了让人们的生活变得更加美好。它成了人类文明发展不可或缺的重要组成部分,并且是检验人类文明进步的重要标志。从这层意义上来说,乡村景观的审美体验,就是人的一种完善自我、发展自我的重要手段。

人类在空间中发生的各种活动,是人与环境空间的媒介,同时人和人的各种活动又受到环境空间的影响和制约。人类通过对自然景观的干扰、改造和构建,塑造了乡村景观。乡村景观是人类在乡村进行审美体验的基础。富有特色的乡村景观意象,构筑起人们心灵的一方家园。而乡村景观风貌的差异,也会造成审美体验的差别。这种审美体验上的差别,不仅给村民和游客的身心带来不同影响,也给人与景观的互动体验带来深远影响。

从需求角度来看,人们会为达成某种需求,而进行一系列有可能满足这些需求的活动。而景观空间作为活动的载体,是人们为了解决实际问题而形成的空间应对方案。乡村景观的根本服务对象是村民,它是建立在村民谋求生存,获得更好发展基础的现实需求上,以乡村原有自然风貌为背景、围绕高效可持续的农业生产、人们对于幸福生活向往所营造的介于理想与现实之间的处所。因此,村民无论是在对环境的改造还是构筑时,都会有意无意地采用"乡土"这一主题,这是村民在经年累月乡村文化熏陶下及对场地长久生产实践、生活体察后所自然形成的对乡村风貌的深刻理解,这也是乡村景观区别于城市景观最本质的特征。然而,在乡村旅游蓬勃开展的当下,已经出现了不少与城市同质化的乡村景观,这不能不令人为之遗憾。因此,必须重新确立乡村景观的价值,确立乡村景观的乡土传统,强调构建因地制宜,打造特色化、差异化的乡村空间环境,以满足人们的乡村景观审美需求。

六、乡村地景与乡村历史地景

随着社会的发展与学科研究的不断深入,景观的概念也不断发生着演化。从荷兰风景画中的景观含义,到地理学中的景观定义,人们对景观的理解也一直在发生着变化。2004 年《欧洲景观公约》(European Landscape Convention,ELC)[19]生效,作为第一部针对景观的国际法律文书,公约提出"景观"以一种直接、综合的方式表达了人们生活背景的品质,是个人和社会福祉(从物理、生理、心理和智慧方面)以及可持续发展的前提条件。《欧洲景观公约》为景观概念所具有的综合、多维度特征提供了一个整合框架。除了人们所熟悉的生态、社会和经济维度以外,它还综合了思想维度和政治维度。《欧洲景观公约》认为,思想维度主要在于景观概念是人的观念和认识的产物。而政治维度,从《欧洲景观公约》中大致可知,其签署是基于欧洲各国旨在促进景观保护、管理、规划方面合作的政治考量。因而我们认为,景观的概念具有双重性。一方面,景观作为一种资源存在而被人们认识。另一方面,也由于自身的综合性框架属性被认为是一种实现可持续发展的方法/手段(means)与媒介(medium)[20]。因此,景观可以为当下的很多现实问题,给予新的启迪和解决之道。在这其中,就包括接下来要谈到的乡村历史地景方法。

景观是一定历史条件下的产物,因此景观也具有历史维度,它通常表征了历史演化下所层积的一系列空间与社会,以及与之对应的时间。大地经由自然因素或人文因素的长期作用,最终形成了人类可感知的景观。乡村场域内所形成的大地景观(rural landscape)——乡村景观或者我们更愿意称之为乡村地景,也同样具有景观的所有属性。需要指出的是,本书倾向于使用"乡村地景"一词而非"乡村景观"来指称乡村场域内的景观,主要是基于两方面的考虑。一方面,考虑到本书所指称的乡村地景是为整体性的乡村景观集合,而并非孤立的乡村景观片段,采用"乡村地景"一词更为贴合我们所强调的整体景观的概念。另一方面,考虑到乡村景观涵盖了由人类耕作而形成的农业景观,这种景观与土地有着更紧密、更深层的联系,采用"乡村地景"一词将比"乡村景观"更能反映这种深层的含义。此外,还有一个概念与乡村地景有着密切的关联,它就是接下来要谈到的"乡村历史地景"。

乡村地景是一个具有多功能的大地形态集合体,并由生活在此的人以及由他们构成的社会赋予文化内涵。因而在乡村地区,一切可感知的形态均可以纳入乡村地景体系。与此同时,乡村地景也被赋予了广泛的文化内涵,是变化着的活态文化体系。其中就包括人们累积的知识,长期以来形成的风俗习惯、价值观念、方法技术等,以及变革中的传统文化和引入的新文化等。乡村地景所涉及的对象,则是在乡村地域范围内与人类聚居活动有关的景观空间,它包含了乡村的生活、生产和生态三个层面,即乡村聚落景观、生产性景观和自然生态景观,并且与乡村的社会、经济、文化、习俗、精神、审美密不可分。乡村地景是自然进程和人类活动在连续、动态的相互影响之下融合而成的结果,它直观反映了物质存在与非物质存在的价值。故而,乡村是人们生产和生活的场域,其中的景观形式是一种物质符号，记录了社会与自然的变迁，表现了人们思想、观念与精神寄托，包括"人、文、地、产、景"等方方面面。

"乡村历史地景"的概念（historic rural landscape，HRL）延伸自英国社会学家、城市规划理论先驱思想家帕特里克·格迪斯爵士（Patrick Geddes）基于文化景观提出的城市遗产保护概念（1915）[21]和英国建筑师、城市规划师戈登·卡伦（Gorden Cullen）提出的城镇景观概念（1971）[22]，以及其后联合国教科文组织（UNESCO）基于城市遗产管理理论所采用的城市历史地景（historic urban landscape，HUL）方法（2005）[23]。事实上，对于 HUL 有"历史性城镇景观""城市历史景观""城镇历史景观""历史城市景观""历史性城市景观"等中文对译，联合国教科文组织亚太中心则将其译为"历史性城镇景观"，但考虑到与我们所意指的整体性景观概念相一致，并与乡村历史地景能形成更好的对应关系，故在此译为"城市历史地景"，以下不再赘述。对于乡村历史地景的概念，虽然还没有学者为此做过明确的定义，但相关主题的研究工作开展已有不少见诸报道。近几年来，主要是参照 HUL 方法体系下的乡村历史地景（特别是农业地景）的保护与规划研究[24, 25, 26, 27]。不过，与城市历史地景所开展的研究工作相比，此类研究的数量还很少。这其中相当一部分原因在于，缺少匹配乡村地景的类似 HUL 的乡村历史地景概念框架，且乡村景观与城市景观在实质上差异较大。"乡村历史地景"概念框架的提出，不仅是对"城市历史地景"理论的自然延伸，也是对"城市历史地景"理论体系的完善，起着重要的补充作用。因此，"乡村历史地景"概念框架的提出除了出于现实的需要，在学术上也有着十分重要的作用。

参照《实施〈世界遗产公约〉操作指南》中对于文化景观的定义，乡村历史地景可认为是一类有机演进的文化景观[15]。它们产生于最初始的一种社会、经济、行政以及宗教需要，并通过与周围环境相联系并适应而发展到当下形态。由于文化景观具有功能属性、象征属性等内涵，因而乡村历史地景也同样具有文化景观的这些属性。功能属性是指乡村历史地景为实现人类某种实际用途其所具有特定功能的景观性质，主要在于满足村民的生产、生活方面的需要。象征属性则是指乡村历史地景中采用比附或表现手法艺术地表达某种形象或观念的景观性质，主要以满足村民的精神文化方面的需要为主。因此,乡村历史地景内部组成元素在很大程度上同时融合了功能属性与象征属性,包括乡村历史地景本身也是一样,它既具有功能属性,也有着丰富文化内涵的象征属性。另一方面,乡村历史地景在本质上也反映了其自身形式和重要组成元素的演化过程。

乡村历史地景是由一个相互作用、相互制约的元素所构成的系统。与此同时,其自身又必须与其他各种系统相互适应。并且,乡村历史地景系统中的每个基本元素都有一个多维度下属于自身的特定位置。这个位置是每个基本元素在经历漫长时空演化后,为适应当下系统所做出的最优适应。每个基本元素具有其自身独特的功能与意义,它们共同组成了整体性的乡村历史地景。乡村历史地景中的每一个基本元素都是独一无二的,其功能与意义并非单纯取决于自身,也取决于与乡村历史地景系统中其他基本元素的关系,最终产生了整个乡村历史地景的功能与意义。当意识到每个基本元素其维度位置重要性后,我们再对乡村历史地景欣赏就不再是孤立式的景观欣赏,而是从整体性上,对整体的乡村历史地景进行理解与感知。此时,整体性的乡村历史地景便生成了自己的意义,由单纯的景观成为适合人类居住、活动和感知文化的场所区域。在这里,美学语境下所呈现的有机统一性与生态学中生态系统概念相一致,两套学科的概念在一定程度具有了共通性。

历史上,中国曾是个农耕文明大国。虽然近些年来城镇化得到飞速发展,但至今仍有超过40％的人口分布在乡村。未来,随着城镇化与工业化进程的持续发展,我国将面临来自发展压力和生态限制的双重挑战。这种挑战不仅对城市,对乡村也面临同样的挑战。中国迫切需要新的综合性方法和工具来引导发展。"乡村历史地景"概念和方法便提供了这样一种关于可持续发展的可能,即在充分理解传统实践、地方风俗和功能产生等的前提下,通过对乡村地景的保护,以及随时间推移积累产生的传统技术和土地品质及自然资源保护,才有可能实现"乡村历史地景"下的可持续发展[28]。

"乡村历史地景"迄今还只是一个概念雏形,在理顺"乡村历史地景"概念框架的同时,还需作为一种实现乡村可持续发展的方法,通过实践和积累去归纳总结。

七、乡村历史地景的价值体系

不从乡村的根基思考，无从解决乡村问题。正确认识乡村，首先必须认识乡村的价值。而且，这也是乡村伦理的一部分。"价值"的意义不仅在于过去，更在于现在和未来。乡村的价值也是如此。价值（体系）标准的建立不仅需要关注"过去"，但关键是"现在"，即用"现在解释过去并表示过去"，更为关键是"将来"，如何让这种价值面向未来。

由于价值（体系）标准，人们赋予了景观价值和内涵，从而形成了独特的乡村景观。这里，还需强调要建立的是一个价值体系而不是单一价值标准。这主要是出于在一个相对完整多维的视角下能够比单一指标更全面客观地审视评价问题。价值体系的建立对于审视问题和进行决策将起至关重要的作用。价值标准、价值体系最终将通过人的决策及后续行动来影响景观的演变。如传统中国人认为宗族制在一个村落中处于最高支配地位，所以通常以宗祠占据村落的中心位置，而这个宗族的各支各家因血缘亲疏的不同而与宗祠的空间呈现远近距离的不同。至于在每个村的历史上，这个决策过程究竟是自上而下，还是自下而上，并不是我们关注的重点。景观在一代又一代人的决策中、行动中逐渐演化，日积月累最终形成了当下的景观。

景观评价的价值体系，往往因所处时代、场地背景、决策人的不同等因素存在着较大乃至截然不同的差异。由于景观评价的价值体系的不同很可能得出完全不同的结论，以致形成完全不同的应对策略。因而，研究并建立客观的景观评价价值体系对于评价乡村、评价乡村景观具有极为重要的意义。乡村历史地景为我们提供了一个非常合适的视角，而城市历史地景则正好可以作为参照。城市历史景观最初作为一种更新后的遗产管理方法，其出发点是承认并确认任何历史城镇都具有层级积淀的价值，并需要结合不同学科对城镇保护过程进行分析和规划，从而在现代城市的发展过程中避免这些价值被分离。乡村历史地景作为基于社会地理和文化景观理论框架下的概念，同时借鉴参考城市历史地景价值体系，我们认为其主要包含历史价值、审美价值、生态价值、社区价值、科学价值、社会价值和经济价值等价值。

历史价值包括发生在过去的知识，一个地方具有历史价值是因为它影响了或受到了历史性的人物、事件、阶段或活动的影响[29, 30]。乡村历史地景的历史价值，在于它成为历史地景所必不可少的属性。但事实上，由于所有的地景都是经过演化，在历史渊薮中孕育成长。因而，对于地景而言历史价值是其共有属性，尽管各自所具有的历史价值存在差异。乡村在其漫长的历史进程中一方面作为一个场所，在其中发生了各式各样的历史事件，另一方面乡村也作为一个载体，容纳了各种历史性人物、事件或活动作用下的影响。因而，无论是乡村历史地景有形的形态还是无形的内涵，都深含历史价值的属性。

审美价值包括场地的形式、尺度，材料的色彩、质地、肌理，以及环境中的声音、气味、光线等可感知因素，且与使用情况也有关[30]。乡村历史地景的审美价值，是它给予人的美感愉悦及因其存在的具体表达所给予的关联价值。这种审美价值包括了因景观元素同处一个地景系统整体所具有的平等主体性在审美投射下所具有的存在价值。乡村历史地景实体构成了特有空间的秩序表达，这种秩序表达包括了空间格局、空间肌理、空间形态、空间模式等内容。

生态价值是指地景其产生与存在符合循环再生原则，与周围环境相和谐，并具有提供粮食、保障水安全、净化空气、维护生境多样性等生态服务功能[31, 32]。乡村历史地景同时承载着景观的生态功能，因而它也具有基本的生态价值。这种生态价值也是乡村地景能够成为乡村历史地景的关键价值，是其能够持续演化的保证。在本质上，生态价值与乡村的可持续具有一致性。

社区价值则体现在乡村历史地景作为乡村集体记忆的物质载体，印刻历史地景与乡村公共精神和邻里生活的纽带及互补关系，增强乡村的文化归属感和身份认同感，并为以村民为主体的乡村宗族族群向现代社群社区的传承延展奠定群众基础[33, 34, 35]。村子的形成，离不开因人的积聚而形成的微型社会，也即形成一般意义上的社区。稳定的社区是乡村自治以及持续发展的基础。因而，社区价值也同样是出于乡村历史地景的持续演化,而成为乡村历史地景的关键价值之一。

科学价值指的是地景能够给予当下科学技术方面以借鉴,甚至仍可产生实际的功用[36]。科学价值是对于乡村历史地景中实际功效的关注,同时它也是衡量乡村历史地景能够给予村民现实助益的指标之一。乡村历史地景在科学功效上涉及面较多,它包括了水利方面的灌溉、汲水等,农耕方面的精耕细作、土地轮作等,以及防火方面的封火墙、庭院设缸等措施与方法。这些设施方法中所蕴藉的智慧,也将启迪后人在不同领域发挥自己的创造力,并为乡村的和谐共生提供新的典范。

社会价值是与传统社会活动相关,并能与当代用途、当地社会互动相适应,与社会文化保持同一性,并由之产生对地景保护的关注[36,37]。人是社会的人。在社会文化中,乡村历史地景的存在隐含了一套社会规范,使得它能够起到组织串联社会,联系人与人的纽带作用。因而,社会价值也是衡量乡村历史地景维系社会秩序、乡村和谐以及乡村可持续发展的重要指标之一。

经济价值可以理解为由地景作为资源所产生的价值,它可以是使用价值,也可以是非使用价值[38,39]。经济价值是通过利用乡村历史地景并从中获得收益,它包括实际收益和潜在收益的衡量指标。这两个衡量指标方便人们在确定保护时制定更加精准的措施,控制好投入与产出,以实现经济上的可持续。没有经济上的可持续,则其他层面的可持续都将缺少现实经济基础,行动最后往往归于失败。

对乡村历史地景价值的准确理解,将奠定人们对乡村历史地景概念的理解,进而对乡村概念的完整理解。通过乡村历史地景方法的运用,将助益乡村价值评价、遗产保护、管理规划与更新设计等工作开展。

乡村历史地景所具有的价值是巨大的,它是乡村保护与发展的基础和前提。如何促进乡村历史地景面向时代的可持续发展与演进,是一个值得深入思考的问题。如何有效地解决这个问题,将是决定乡村的生存与发展的必由道路。

第二章　从生态美学到乡村美学

一、缺失的乡村美学

人们理想中的乡村是在满足村民生产生活需要的同时,又能达成人与自然之间和谐统一的关系,这在本质上属于现代生态文明视阈下的乡村发展模式。在中国特色的生态文明建设道路指引下的乡村发展与振兴,意义重大,事关全局,决定未来,影响深远。它不仅是国家发展的核心和关键问题,也是关系到我国是否能从根源上解决城乡差别、乡村发展不平衡不充分的问题,更是关系到中国整体发展是否均衡,是否能实现城乡统筹、城乡一体的可持续发展的问题。2017 年,在党的十九大报告中,首度提出了"实施乡村振兴战略"。党中央对乡村振兴战略的总体要求是,坚持农业农村优先发展,按照实现产业兴旺、生态宜居、乡风文明、治理有效、生活富裕的总要求,建立健全城乡一体的融合发展机制,推进农业农村现代化进程。

乡村的发展与振兴,既需要美丽宜人、生态宜居的环境,也需要兴旺发达的乡村产业为基础,还离不开"传承文化,记住乡愁"的乡村内涵。这其中蕴含着生态文明建设道路指引下的乡村美学途径,即生态美学审视下的乡村发展道路。而当下乡村美学的缺失正是制约乡村发展和振兴的重要原因之一,也是制约乡村经济由宽裕转富裕,重塑乡村文化自信的原因。生态美学审视下的乡村发展道路不仅是一条可持续发展道路,而且对于中国这样一个人口众多、人均资源相对缺乏、环境压力大的发展中大国来说,更有着实现可持续发展的紧迫性与重要意义,况且可持续发展也是适应生态文明的唯一发展道路。

乡村美学并非仅仅是引导村民建设和保护风景美丽的乡村,同时以注重提升村民的内在素养,打造和促成文化积淀深厚、民风朴实纯良、生态宜居的美丽乡村为目标。

一些远离城市喧嚣的僻静乡村,或许可以成为文人笔下的桃花源。然而,物质匮乏和信息闭塞下的一方净土,注定是无法长久维持的。一旦当外界丰富的物质资源和精神文化涌入乡村,势必会给乡村带来巨大的影响和冲击,甚至会摧毁乡村原有的社会经济文化基础。因此,只有开放并融于现代文明社会体系之中,建设成为物质丰富、精神富足的乡村才能真正实现可持续并符合生态文明乡村的理想。

在传统的社会模式下,乡村美学的建立者与享受者主要是乡绅士大夫阶层。因此,这种乡村美学就成了少部分人的特权,并且夹杂着不少功利世俗甚至是封建腐朽的思想内容。而普通村民因为缺乏相应的经济基础,无法像乡绅们一般衣食无忧,为了生存需要终日奔波劳碌。他们拥有的是一些质朴但尚不成体系的审美价值观,同时由于受到时代的局限,也夹杂着一些庸俗的思想内容。另一方面,村民们每日劳作,也使得他们与土地、与自然、与环境的联系更直接,从而在人与环境的感情上也更质朴、更真实。在精神层面,较之乡绅士大夫阶级,普通村民更容易与自然建立起一种形象和情感上的联系,这在一定程度上完成了人的自然化。因而在审美本质上,他们也拥有更接近本书提及的生态美学观点。由于传统乡村具有高度的自治性,这也使得传统乡村美学在系统自洽中能在一定程度上始终保持相当的活力。但自近代社会以来,由于城市文化的强势崛起,随着新文化运动对传统文化的全盘否定,以及新中国建立初期特别是"文化大革命"时期,对传统文化的全面批判,使得传统文化及与之相关联的传统乡村美学不断地失去根基血脉。虽然在改革开放后,政府在一定程度致力于恢复传统文化中的合理内核部分。但是城市化进程的迅速推进,也在一定程度上动摇了乡村的物质基础。而物质文明又是精神文化赖以生存的基础与前提,以至于曾经辉煌的传统乡村文化在持续地冲击下逐渐走向了衰落,而传统文化的式微也包括了传统乡村美学的消逝。在《闲情偶记》《踏歌图》等文人笔墨中,我们可以窥知传统乡村美学一二。

虽然这种乡村美学主要是由乡绅士大夫们进行定义的,但是这样一种乡村美学,我们依然需要了解。因为它不仅是中华民族文化的一部分,而且它本身也具有一些合理内核,在建立新乡村美学时也需要批判吸收它的合理内容。

与此同时,我们也需要明白,文化建设并非是一朝一夕之功可得。新乡村美学的建立需要集合新时代许多人对于乡村的理解、见识与智慧,也需要长期的积淀生长才能完成其体系构建。现如今,村民的生活日渐富裕,但物质财富的日渐丰富并不意味着村民们的精神世界也同步得到提升。从棋牌麻将的兴起、农村宗教的复兴,以及短视频的点赞转发,都可以看出村民们精神世界的匮乏。而缺乏规划的建筑,破败杂乱的老村,抑或缺乏个性的设计,可知乡村人居环境在整体上还未形成既体现时代特点又展现自身韵味的特色。身处新时代却未能建立起属于乡村的新美学,不能不说是一件憾事。或许,只有建立起属于自身发展需要的乡村美学,才能在继承优良文化传统的同时,寻找到一条适合乡村发展的道路。

事实上,人类面临的许多现实问题都与审美有关。韦尔施曾说:"现实中,越来越多的要素正在披上美学的外衣,现实作为一个整体,也愈益被我们视为一种美学的建构。"[1]尤其是在当代中国乡村,随着城市化的进程,经济的转型升级正处于急速变化期,逐渐呈现出各类问题。这些问题,不仅仅是乡村经营管理和规划设计的问题,同时也是关于美学的问题。以美学视角审视当代中国乡村,将会在"审美体系"中发现当代乡村在发展中遇到的一些新问题,并由此构建起一种行之有效的解决之道。

二、传统村落与乡村美学

人类为了谋取更大的发展契机,追求更加适宜的生存条件,从而与生存环境不断发生协同演化。在中国漫长的历史长河中,传统思维范式引导着传统生产生活方式,产生并存留了大量的拥有丰富文化与自然资源的村落,而其中具有代表性的村落被冠以"传统村落"称号。在住房和城乡建设部、文化部、国家文物局、财政部印发的开展传统村落调查的通知中明确提出[2]："传统村落是指村落形成较早，拥有较丰富的传统资源，具有一定历史、文化、科学、艺术、社会、经济价值，应予以保护的村落。"下文中所称的传统村落不局限于传统村落名录中的村落，也包括省级历史文化村落及其他一些保存了一定传统风貌的村落。如无特殊说明均是概括统称，以下不再赘述。根据我们的认知与理解，必须指出，在村落保护中对于传统风貌建筑的保护固然重要，但更为重要的是传统生产与生活方式的延续，以及以此为基础的活化、演化。乡村景观不仅是物质形态的展示，还包含了如何被人们感知的各种方式，文化是乡村景观的重要属性，如果文化湮灭不存，乡村景观的物质遗存将失去精神内核，沦为一种象征性的符号。由于乡村景观涵盖的内涵十分广泛，对其保存与保护也具有重要的文化意义。乡村景观会随着人与自然的互动而进一步发展与演化，它不仅是人类存在与生活的见证，也是人类身份感与归属感的一部分。因此，对于村落的保护是关于乡村景观广泛内涵的保护，而不仅仅是保护其物质形态。在保护村落自然、风景、历史、文化的同时，还需要注重保存与之相关的过程，而不仅仅是一种简单的静态维持。例如，在农业文化遗产的保护上，不仅需要保护传统农业景观，还需要维持农业生产系统。而当谈到保护，也关乎生活在其中的人。从长远来看，保护要行之有效并达到可持续发展，就必须与当地的人和当地的经济重新建立联系，形成共生合作机制。

中国传统村落在悠久的历史进程中，既形成了相似的特征，也有各自不同的个性。这些特征和个性通过传统村落的外部形态及核心内涵清晰地展现出来。由于同质的人群、分工简单的生产活动、相对封闭的村落环境等原因，造成了传统村落中乡村文化趋同的特点，并形成了整体尺度较小、功能结构简单、与自然关系紧密的村落空间。也因此，村落易于产生秩序井然，又充满细微变化的韵律感。"择地而居"和"逐水而居"是传统村落选址最为突出的特征。守几亩良田，便不必四海为家；拥一湾清水，即可得水土安宁。传统村落因势利导，根据地势地形、河流走向确定村庄布局，并随着社会的变迁、外部环境的变化做出针对性调整，继而形成了富有时代特征、地域特点的形态风貌。在村落的建筑布局上，通常是以开基祖屋为基点,以宗族血缘关系为纽带,以南北朝向布局,向村落两翼与纵深作自然延伸。子孙繁衍、分家另户,又多比邻而居、彼此驰援,使村落整体建筑布局在家族大聚集下又保持一定的家庭个人空间的独立性。

传统村落整体风貌质朴平实,接近生活,注重实用。传统村落的巷弄关系要比同地区的城镇街巷关系更为小巧紧凑,也因此形成了距离更紧密的交往空间。它可以是宅院旁的大树下,也可以是巷子里的屋檐下。在这里,人们的一个细微表情都看得真切,也有着更为丰富的肢体语言。人与人之间的交往更亲密,而邻里关系也更融洽。乡村巷弄空间是村民宅院向外的渗透过渡,因而兼具私密空间和公共空间的功能。在这种空间渗透融合的过程中,形成了具有安全感和领域性的尺度宜人的交往场所。民居、宗祠等建筑风格多采用乡土建筑形式,即取用方便的乡土材料和经济实用的表现手法来构建,成为为村民们提供遮风挡雨,抚慰心灵的场所。建筑语言朴实无华,以实用为出发点,没有夸张的形式,与乡村的乡野气息,田园风光有着良好的融合。乡村植物景观主要以实用的乔木树种为主构成,既包括可供食用的水果类和干果类树种,又有可供制作家具、农具或是作为建材等用材的树种。这样形成的植物景观,凸显了质朴实用,接近生活的特点。

在精神文化层面,传统村落受中华传统文化影响并融合本村实际情况,自发形成其特有的风俗习惯、乡规民约、宗教形式和文化遗产。在村落文化的指引下,村民们形成了各自理解世界、生活处事的方式方法,以此为准则,生活并形成传统。事实上,在村民们的日常生活中,已经形成一些朴素的哲学观、美学观,只是缺少进一步的思考,缺乏体系化的构建,而"百姓日用而不知"。

美学(Aesthetics)是研究人的审美现象及审美观演变的客观规律的一门学科。这门学科在黑格尔及其身后得到了极大的发展,早已不再是仅局限于艺术审美关系的哲学门类。当今社会的美学门派众多,涉及各个不同学科的应用美学更如雨后春笋般层出不穷。作为应用美学之下的子门类之一的乡村美学,则着眼于研究乡村中的人与自然、人与环境的审美关系。

中国传统的自然审美出现较早,在春秋战国时期,儒家即以山水比德的思维关注自然,提出了"仁者乐山,智者乐水"的观点。而道家认为天地是道的自然体现,并提出"天地大美,自然全美"的观点。约在东晋前后,在田园诗人们的大力推动下,人们开始关注乡村田园审美。而西方的乡村美学则兴起于18世纪末的浪漫主义运动中,受到了众多的文学家和思想家共同推动。西方的乡村美学与中国的乡村美学既有相似之处,也有显著的差异。由于本书主要关注中国乡村美学,因而主要介绍中国传统乡村美学。中国的传统美学与中国其他领域学术情况相似,以"述而不作"为特点。同时,由于人们主要关注现实社会,因而缺少系统性理论层面的美学理论,乡村美学也存在同样的情况。

有哲学家认为,"哲学只把一切都摆在我们面前,既不作说明也不作推论。"而对于乡村美学这样的应用美学,就更不应致力于单纯地建构一套概念范畴、理论框架或知识谱系,至少,这不应是乡村美学研究的全部。在很大程度上,乡村美学应当是忠实地搜集并展示一切关于乡村美学的事实。乡村原住民,也即村民,在他们的意识和行为中呈现的乡村生活的方方面面,都深刻地反映了关于乡村美学的内容。他们传承了祖辈们的生活智慧、劳作经验、文化传统,并在日常生产生活中践行着他们对于美的理解。这种生活着的、实践着的乡村美学,实质上是乡村美学中最原始、最持久、最有活力,也是最核心的部分,是人们意识、潜意识和集体无意识混合下的一种文化形态。

三、传统中国人与自然的关系

传统中国人对自然的态度处于一种暧昧与矛盾的纠结之中。一方面,他们认为自然不是某种超然存在的意象或反映,而是超然之力的一部分。"天行有常"要求人们师法自然,同时也使人们意识到无法再造自然。在中国农业文明中,人们的生产生活与天地的关系非常紧密。这种天地人之间的关系,并不局限于人去克服自然的不利影响,而是经过人们的实践与领悟所逐渐产生的对天地万物的信仰和向自然学习的生活态度。另一方面,传统中国人认为需要改造和利用自然,要把天地万物蓄养、控制而加以利用,人类以此掌握着自己的命运。

中华先民们在生产力尚不发达的上古之时已开始协调人与自然的关系。他们对于林、木、鸟、兽等自然资源,分官典守加以保护,并严格规定了捕猎鸟兽、采伐林木的季节。早在传说中的五帝时代,当时管理山泽鸟兽的官员被称为"虞"。大禹治水时,舜帝同时派益为"虞"。以现代人的视角来看,"虞"应该是世界上最早的生态保护机构和官职。而在儒家经典著作《周礼》中,更是详细地记述了周代管理山林川泽的官员建制、职责等内容。周代设地官,地官大司徒是政府官员中的六卿之一,职位相当于后来的宰相,地位非常重要,而他的职责是分管农、林、牧、渔等生产部门。而下设山虞、泽虞、林衡、川衡则是分管山、泽、林、川。周以后的朝代多数也设置了虞、衡等机构来管理山林川泽等,以保护自然环境和野生动物。由此可见,中国古人强调有节制地改造和利用自然,并追求人与自然的和谐共生。

中国传统社会受农耕文化的影响十分深远,在甲骨文中农字(農)意为丛林中垦荒。这在一定程度上说明了农耕及随之产生的农业文明是与自然对立的。在生产力低下、科技落后的人类文明初期,自然在人们眼中充满危险。这里的危险主要是来自食物的缺乏和间或发生的自然灾害,部分也来自其他物种。因此,人类文明需要建立起能够抵御自然变化风险和自然界危险的生产生活设施与社会运行机制。人类由此在生命水平上实现了对自身生存环境的有限主宰,也确立了人类在物种世界中的主导地位。

无可否认,农耕文化具有一定"优越性",它对人类文明的发展起到了巨大的推动作用。但在另一方面,它也使得人们付出了一些众所公认的代价:田地终结了自由,人类成了被自己驯化的物种之一。为了征服自然,我们奴役了自身。而通过对自然的审美,则可以部分摆脱这种身心的束缚。这是因为,"发展"产生的兴奋与从自然之思中得到的心灵启示并不冲突;前者即对自然的实际控制,后者则领会到自然远比我们人类强大,且在对其驱动的过程中,我们只能部分地凭直觉感受或发现。自然在于能让人本能地回忆起消失了的那个世界,在那里,人类与未经改变且几乎完全独立的自然之间相互作用、相互影响。

由人创造的农业系统是社会、经济与自然环境的交叠之处。由于农业系统是人工干预的产物,或多或少具有内在的不稳定性。在这种背景下,人与自然的矛盾和斗争,实际上往往是不可避免的。另一方面,人工系统总是与外部扰动性的环境因素产生相互作用。人们创造的农业系统会受到降雨、冰雹、洪水、干旱、风沙、土壤侵蚀、盐碱化及海水侵袭等种种因素的影响,这些自然因素使得这种不稳定性受到叠加作用。多方面的综合作用使得传统农业社会中的先民们表现出对自然既尊敬又畏惧的心态。

此外,在中国古代的聚落营建中还孕育出了风水这种独特的文化,它在一定程度上也反映了先民对自然的认知。风水,亦称堪舆,在中国有着悠久的历史,远古时期即有萌芽,约在西周时期已有雏形。在《诗经·大雅·公刘》中就有"于胥斯原""既景廼冈,相其阴阳,观其流泉"等相土尝水的择地而居描述。而后,风水经历代发展,理论与实践不断成熟完善,包含形法、理法等方法。古人认为,村落的风水决定于"气",而"气"作为创造宇宙万物的本源,需要以自然作为载体。对于村落而言,要求"藏风聚气""得水为上,藏风次之"。因此传统村落强调背山面水、山环水绕。这也是古人对于村落选址从实践积累而来的经验总结。试想背靠高山以避冬季凌烈的西北风,而又享受依傍水源的生活便利的环境,是否比寒风长驱直入、缺少便捷水源的生存环境更适宜人居呢?答案是肯定的。但理想的人居环境并不是随处可得,在无法选择的情况下,通常人也会进行一些能动改造。常见的措施包括在村子的南面挖掘一个人工池,在村子西北方向种植一片风水林,又或是在村落外围设置土墙加以围合。虽然围墙的设置只是象征性的防御符号,但实际上则会对村民产生一种内在的向心凝聚力,从精神心理层面界定村落空间,强调村落的地域性和范围。

中国传统思维意识到人与自然虽然主客有别,但两者的差别是相对的,人也是自然的一部分。最为重要的是,自然是觉悟(enlightenment)的源泉。自然有一种意蕴,它长久显现但又捉摸不定。通过体悟自然,人类可以汲取经验教训，并领悟其中之道。在审美上，通过心物互答，可以实现人与自然世界的互动。

四、传统中国的前生态审美观

传统农业文明时期，受时代制约，科技、生产力远不发达，中国百姓为生存苦苦挣扎，通过辛勤劳作换取温饱度日。传统中国深深依赖农业，一方面也是由于长期存在着饥馑恐慌的结果。在人类历史上有一个十分重要的，但几乎未被察觉的现象，就是：当人类再也不能仅仅靠采集或是狩猎轻易地获取食物，而为了生存需要有意识地组织起来的时候，人类对周围的世界所产生的不安全感和疏离感就会加剧。其实，这种心理变化从本质上看，是屈从于一种普遍存在又未得到承认的、但实际上又难以名状的恐惧。在这种大背景下，人类是无法消除对于自然和环境的不安全感，因此也无法进入真正意义上的与自然和谐共处。当然这一时期，部分摆脱了衣食之忧的人，可以在闲暇中生发出一种审美的和哲学式的对待自然的态度，可通过实践、消遣和想象这样的日常生活并与自然互动。这是与生态文明背景下的生态审美有一定的契合的前生态审美，而生态审美则属于生态美学的核心概念。在后文中，笔者将会详细介绍生态美学的相关内容，它是建立生态文明背景下乡村美学的理论基础。

在传统文化中，前生态审美观缺乏完整的理论体系，与之相关的概念与解说散见于各类典籍、地方志等著作。对此，笔者尝试概括如下。

整体观：在传统中国的思维模式中，人们将自己看成是大自然的一部分，进而产生了天人合一、天人和谐的观念，这种整体论观念引导人们产生了人与自然融为一体的生态审美观点。

有机观：传统文化认为，世间万物通过阴阳五行相互联系，构成一个包罗万象、相互推动、相互限制的变化有机体，即人与世间万物存在交互互动的可能。尽管在当时，这种交互性无法通过科学的方式去理解。

仁爱观：从爱人到爱物，虽然这种爱是有等级差异，但至少迈出了尊重彼此主体性，尝试平等交流的第一步。

直觉观:拥有传统中国思维范式的学者坚信直觉的力量,认为通过直觉,可以体悟人与自然宇宙的关系,把握人在天地自然中的地位、作用和命运,并完善自身。这与生态审美下人通过审美与环境的交互,进而与世界融为一体,在关于人的本质上有一定相似理解。

传统中国思维在一定程度上并不存在西方人所固有的人与其所存在世界的分割以及主客对立的观点。这通常被认为是传统中国人与西方人思维中差别最明显的地方。西方自古希腊时代即开始确立一个物我分离,主客对立的二元世界。而传统中国思维则认为人与世界万物同属于一个系统,宇宙即是一个放大了的人,而人则是一个缩小了的宇宙,两者在主客二分的世界中强调主客交融,但不强调主客分离。因此,传统中国人总是试图去消解主客体间的对立,关注如何能够顺天知命,达到"天人合一"的理想境界。

传统中国人意识到人与世间万物的联系性,也尝试通过自然人格化和自然共情来与自然进行互动体验。但限于科学与社会发展水平,人们还无法从根本上去解释并理解其中的联系性和平等性。在中国人的传统思维中,日月星辰、山川草木,无不与人类的生存息息相关。在传统文化中,人们常对自然人格化。人格化是指非人类个体被赋予人格特征,使其被看作是有感觉、情感和思想的人。同时与自然共情,理解并共享自然的情绪体验。在这些生态意识中,最难能可贵的是人们自发产生了"人的自然化"观念。即人在审美之中,真正将一切自然的尺度内化为自己内在的尺度,从而也使人成为真正的人——自由的人,可以与自然发生交互性主体审美关系的人。在传统中国人看来,无论是有生命的花木鸟兽鱼虫还是无生命的山岳河流,均被看成是有意识的生命体。人们认为,它们都是具有感知能力并有自身调节运行机制的有意识个体。同时自然万物还与人类的安康福祉相互联系,是人类心灵的看护者。由它们组合形成整体的景观,通过人类审美的连接桥梁作用,将人与景观彼此融合。

传统中国人受限于科学技术的发展水平,缺乏生态审美过程中所需具备的相应科学知识用于现象的理解、价值的判断,最终阻碍了完整生态审美体验的完成。中国传统思维认为事物所起到的心灵净化、情感维护作用比理性认识事物更重要。因此,在中国人传统的认知观中,体悟事物比认识事物更为重要。因为认识是静态的、主客分离的,而体悟则是动态的、主客相融的。因而,基于传统思维,中国人更容易进行主客交融下的前生态审美。在"悟"的历程中,经历物我感应、物我相知与物我相融的审美体验。当前美学界所讨论的生态审美与传统质朴的前生态审美虽然两者有一定相似性,但还是有着本质上的区别。前生态审美并没有从根本上理解和认识人与自然是和谐共生的关系,仅是一种受条件所限而萌发的朴素意识或是观念。虽然就审美观而言,前生态审美作为文明初始阶段发展形成的审美观还相当稚拙,但实际上它对中国传统文化产生了相当大的影响。另外需要指出的是,在传统中国的思维模式中,接受了"人属于大自然"的思想。虽然这种整体论观点导致了人与自然融为一体的前生态审美观点,但同时也意味着自然并非也不应该是人们获取知识时独立的认知对象。这也是前生态审美未能更进一步成为建立在科学认识论上的重要原因之一。

但无论如何,前生态审美中的整体、有机等观念依然对今天的生态美学有着良多的借鉴意义。同时,由于前生态审美中人与自然间有机整体的统一性,对于克服人与自然间不断加剧的冲突,消弭人的异化,解决当前的环境问题乃至乡村问题都有着十分重要的借鉴启迪作用。从掠夺型、征服型和污染型的文明形态走向协调型、恢复型和建设型的生态文明形态,是人类历史发展的必由之路。而新孕育的生态审美观也因承认自然与人类拥有同等的权利,进而从意识深处建立起尊重自然,尊重人类赖以生存环境的坚强信念。这种自前生态审美而来的生态和谐观,对于生态美学、生态文明相关理论的进一步发展无疑是一个重要的支撑。

五、传统中国的乡村景观审美

在乡村景观的欣赏与理解上,传统中国人十分重视对自然景观的审美,讲究人文美与自然美和谐有机的统一。由于农业文明的早熟,很早开始人们就对乡村美加以关注和重视。在中国现实主义文学源头之作《诗经》中,即有对乡村生活、乡村风光细腻传神的描述,如"葛之覃兮,施于中谷,维叶萋萋。黄鸟于飞,集于灌木,其鸣喈喈"(《周南·葛覃》),"载芟载柞,其耕泽泽。千耦其耘,徂隰徂畛"(《闵予小子之什·载芟》)等等。虽然,《诗经》所描绘的也不乏乡村苦难景象和劳苦人民的形象,但更多的是出于讽刺劝谏统治阶级的政治目的,乡村本身在这些诗作中还是真实而又美好的。而在文人的山水田园诗、山水画中,所描绘的更多则是中国古代文人士大夫心中理想化诗意化的乡村。他们笔下的乡村虽然清贫但风物淳美,这样的乡村千百年来一直是文人墨客心灵栖居的一方净土。在中国主流的传统文化中,乡村景观最鲜明的景象——青山、绿水、农田、草木等,皆能营造出一种可以使人"怡情乐性"乃至"悟道"所需要的心理氛围。由于这十分符合儒家的基本伦理价值观,因而历代文人墨客对乡村景物风貌多有褒奖赞美之辞。

传统中国人是以一种复杂的态度来品察景观或风景的。他们认为景观是由上天神灵创造出的。天,或者说是天神、天帝,控制着大地上一切事物。人的祸福、田地的收成等等万事万物都是由这种神秘的力量控制。而当人类被过去所形成的景观塑造其心性的同时,也对自己所处的景观环境塑造贡献了自身的力量。中国人以其特有的智慧和勤劳创造了中华大地上形形色色的景观,诸如千姿百态的农田肌理,形形色色的水利景观,以及各地深具地方特色的民居,均是由生活在这片土地上的劳动人民完成的。正如著名地理学家葛德石(George Cressey)所说:"中国景观上最重要的因素,不是土壤、植物或气候,而是人民"。[3]

另一方面,人们相信人的道德福祉与身体健康的好坏,与景观的状况是相互依赖的。"风水"理论是支持这方面观点的主要理论体系。风水直接引申阐发和运用传统哲学范畴,运用类比推演,建立起一套具体的准则和方法,使得人们由此认识并把握与人居环境相关的宇宙及人生的存在。风水不仅具有功能意义,还具有道德和美学意义。而"风水师"秉承这种文化传统,并在其理论和实践中应用发挥。他们参照山川自然之妙而巧加人工利用改造,赋予了中国传统乡土建造活动以独特的美学气质。

六、为什么是生态美学

1. 人类文明的生态转向

漫长的人类文明历史,经历了完全受自然制约的原始文明,到对自然进行初步开发的农业文明,再到全面征服自然的工业文明,直至当前萌发的生态文明。生态文明是生态哲学、生态伦理学及生态美学等思想指导下的人类文明发展的新阶段,是人类文化发展的重要成果。当前,全球范围内的众多国家已实施或准备实施可持续发展战略,努力提升人类生存环境,改善人与自然关系。结合人类历史进程,可以说,走向与自然和谐共生的生态文明道路是人类历史发展的必经之路。Wilson 与 Kellert 的亲生物假说早已揭示了人类对生命及生命过程有与生俱来的亲近感[4,5]。人类逐渐认识到,要走向生态文明时代就需要学会以一种更为和谐共生的方式与自然相处。而作为生态文明重要指导思想的生态美学是以人与自然、人与环境的生态审美关系为主要研究内容的理论,其核心观点是将人—自然—环境作为相互联系作用下所构成的生态共同体来看待。生态学知识是生态美学理论体系建构基础之一。生态学认为,一定空间中所共同栖息着的所有生物与其环境相互影响、相互作用,形成统一整体,即生态系统。生态系统是各生物因素和非生物因素按一定规律相互联系,形成的具有一定结构与层次的功能复合体。由此,延伸出世界是"人—社会—自然"复合生态系统的观点,这个观点深刻影响了生态美学。基于生态学知识,生态美学把人与自然、人与环境的审美关系作为人类生态系统的有机组成部分来进行研究。这既不是孤立地去研究人、自然或者环境这三者本身,也并非脱离了整个人类生态系统这个大背景去单纯地关注人与自然的审美关系或者人与环境的审美关系。生态美学的提出促使人们从美学角度去思考生态问题、环境问题,同时也拓宽了美学研究的路径。

如今的中国,已开启了生态文明建设的新时代。因此,生态美学的研究具有重要的理论价值和现实意义。首先,生态美学推动理论与实践相结合。在研究方法上,传统美学虽然也强调理论与现实相联系,但实际上,其理论研究多封闭于哲学思辨的层面,而导致理论研究日益经院教条化。于是,美学理论与现实之间产生了距离,乃至隔阂。理论丧失了对现实的基本洞察力及指导作用,使得传统美学日趋僵化、缺少活力。而生态美学由于其形成初始阶段即具有鲜明的理论与实践统一的特征,客观上要求走理论与现实相结合的发展道路。生态美学即使在实际发展过程中存在偏差,其产生与发展在根本上反映着人类对现实困境的思考,对自由完整生活的向往,因而是突破现有美学理论桎梏的必然选择。

其次,生态美学的相关研究对建设生态文明具有重要的现实指导意义。生态文明建设要走可持续发展道路,就必须正确处理人口、经济、社会、环境与资源之间的关系。不能以牺牲环境为代价去换取经济增长与社会发展,而要将经济、社会等诸多要素与自然、环境统筹考虑,坚持人与自然和谐共生的理念,使人类以一种生态生活生产和谐共融的方式走向幸福之路。在建设生态文明的过程中,生态美学研究可用于指导人们形成正确的科学观、伦理观与审美观,促使人们形成生态自我,并在道德和行为上保持自觉的生态自律。

2. 人文关怀与生态关爱背景下的生态美学

生态美学不仅具有现实的理论意义,也具有普遍的实践指导意义。生态美学必须与栖居于其中的个人联系起来,把生态美学阐述为基于人文关怀与生态关爱之下统一的美学。只有这样,生态美学的光芒才能照射进人的现实生活之中。生态美学符合人类可持续发展的愿景,是人类关于人如何与自然和谐共生的理性思考与观念重构后的自我突破。为了人类更好地向前发展,更好地生存于环境之中,在对人生存状态与生存方式进行反思,以及对人类命运思考之后产生了生态美学。而把人文与生态联系在一起,就是生态美学内在建构的需求。在今天,反思人类中心主义的同时,也需要对人类自身发展及其精神建构进行关注。在反对人类中心主义的同时,也不能忽视对于人类自身的关怀,此外,还要充分考虑人文关怀对人类精神建构的重要作用。当人类开始对自身进行深刻反省和思考时,这本身就是人类的进步,是一种超越的表现。但与此同时,对人的主体性在任何情况下都不应被忽视,借由人文关怀将赋予人生以意义与价值,这便是实现人的自由而全面发展的必要条件。因此,生态美学倡导将人文关怀与生态关爱两者联系起来。从而,生态美学思想给人们提供了一种生存理念,即提升人的生存境界、指导人的生存方式。

人文关怀给予人在满足生存条件、实现自我价值等多方面需求以尊重与关怀,特别是在人对于文化的需求上。生态关爱则是对人类生存环境的关心与爱护,它偏重对自然事物的尊重与理解。因而,人文关怀和生态关爱都是基于人的根本需求,因而两者得以紧密联系在一起。人文关怀属于生态关爱的一部分,而生态关爱又承载于人文关怀之中。通过生态审美可以促使由于自身主体性迷失及理性与认识偏差所导致的人的异化的回归,从而促进人的自由全面发展,实现人与自然的沟通、交流与对话,而最终达到两者的和谐共生。生态美学在针对人类不合理的破坏行为时,通过从根本上反思人类的生产生活方式,研究人类活动中人与自然的矛盾,揭示其中的深层原因,从而寻求解决之道。生态美学以对人与自然的终极关怀为目标,以批判性思维构筑生命意义,持续更新人类生存智慧,进而达到对美的新理解与建构。生态美学的批判,是对人与自然、人与社会以及人与人之间不合理关系的批判,是对人类思维模式、行为方式的一种审美思考,同时也是对历史进程中的人类实践活动的合理性评价。

3. 生态美学对人生存状态的叩问

基于人文关怀和人文精神的生态美学,不仅是对人类生存状态的一种关怀,也是对人追求自由全面发展的一种肯定。这种出于对人类生存与发展的关注,将会对人心灵与精神的内在提升给予帮助,而通过对自然的科学认知以及生命意识思考获得的生命共通感,由此所产生的生态美学,蕴含着强烈的体验性和存在的价值意义。生命的体验性也意味着选择性,对于生态审美而言则主要是人的选择性,而其存在论意义也主要是关于人的存在。因而使得人之于世界的审美活动具有能动性,同时也帮助人们消解其在物质与精神关系中自身存在的困扰,从而促进人类心灵上的净化。

自由的意义在于强调个人内心活动的自主性,即内心自由。内心自由是一种超越性的体验,这种体验不是赐予的,只能由内心产生。因此,要实现个人自由,如果美学不是唯一的道路,也将是通向它的必由之路。

这是由于个体只有在与世界交互的审美活动中，才能从利害关系之中解脱，从而真正确立人的本质。而人在审美活动中所展示的存在，则是人的超越性存在的最突出体现。生态审美不仅是关注个人的存在与发展，更是关注人类生态系统中各个个体的存在和发展，它是人对于自身以及与之相关存在的探求方式。在审美体验的基础上，人们不仅要学会如何欣赏生态美，更要能进行符合生态审美的创造。

生态审美注重人在日常生活中的体验。日常生活之所以重要，是因为每个人都存在和生活于其中。因此，将审美贯穿于个体的日常生活中，把生活变为一种审美体验，就成了一项重要而又困难的任务。审美不仅是对于生活的超越，也可以说它是生活本身。只有当一个人不断在生活中完善自我、超越自我，才能说明这个人有能力创造美好的生活，即审美化生活。当然，审美化的生活方式仍然只是表面的，关键在于人的内心体验。

人在生态审美中能与环境沟通彼此的主体间性，交互彼此主体经验。因而，人既能够在刹那中获取永恒的感受，也能够达到自我与世界的融合。由此，自我与世界不再是对立与隔绝的，而是融为一体。这是更高层面的融合，是人拥有生态智慧后的回归。因此，生态审美体验是对自我的肯定，而在生存满足感意义层面也是可以自足的。当你凝视自然时，自然也在凝视你。这不是简单的审美愉悦，而是全身心体验所带来的生命的充盈。生态审美所建构的并不是以人类为中心，它承认自然本身的特性，也承认生态系统自身的运行规律，而这些都是美的根源。

个体的审美追求，也并非意味着依赖感官的身体体验，而是包括基于人整体感知的知觉体验以及超越人主体的生态审美体验。个体的审美体验，应当包括且必须包括伦理上的自律。因为，个体不仅是审美体验的主体，同时也是社会生活的主体。一个实践着审美并且具备与伦理融合的生态美学思想的人，必将会更好地协调人与人、人与社会之间的关系。

4. 生态美学语境下关于自然对于人类意义与价值的新思考

在当今消费主义盛行的大背景下，人们容易把一切美好的东西都变成消费的对象。人类赖以为生的地球，在一些人眼中早已不再是家园，而是可以疯狂掠夺的资源，一切都成了人类消费的对象。人由于缺少了主体性和超越性（也即主体间性），则只能被现实所驯服。在这种泛审美消费的大背景下，人容易沉浸在舒适、愉悦等身体快感享受中，而浑然不觉自身的异化。假设人栖居在一个人设的符号世界中，仅依靠消费来抵抗生存焦虑，这样就会成为被动的、驯顺的和耽于享受的"单向度的人"，而非全面发展的自由的人。因此，人应该具备这样一种情感：珍视生命、感激自然、关心环境。这种情感将有助于人们摆脱对消费的痴迷，以及对自身利益的过分关注。只有当人关注于一个更大的"自我"，将自己生活的意义与某种更宏大的过程相联系时，才能够做到超越自我。

在实践活动中，人有意识或无意识地改变了自然，给自然打上了人的烙印。自然成了人化自然，不再是与人无关的客体。因此，人与自然的关系发生了改变。在此过程中，人通过对自然的改变，感受到了自己的力量，"人的感觉"便从中发展起来。由于自然不仅是"人的感觉"产生的重要媒介，同时也是美的根源之一。其所具有的不可概括化与不可概念化等特征，导致了自然美的多义性与神秘性[6]。而正是这种自然美的特点，使得人通过生态审美获得了对生命及存在的感悟，进而对自然的价值与意义的理解成为可能。

生态审美将带给人们新的价值取向与精神境界。用生态美学思想来指导人类文明发展，将有助于人类在发展过程中遵循自然规律，实现可持续发展，最终建构出一种人与自然和谐共生的文明形态。

七、生态美学视角下的乡村美学建立

1. 生态美学引入乡村的必然性

生态审美是在人与世界形成形象的和情感的关系中，人与环境间沟通彼此主体间性，人凭借审美活动与自然、环境交互主体经验的过程。人及人的意识是自然界发展的最高产物，自从人类诞生伊始，在人将自然人化后，实践着的人又成为他所创造或认识对象产生交互主体性的关键。自然向人类敞开的美，正是体验审美对象的超越性所显现的人的自由个性。这种美既包含真善，同时又在本体论层次上超越了真善。而在生态审美层面,三者又融合于一体。

景观是地球上天然形成的地表物(自然景观)以及附加在这些地表物上的人类活动的遗存(人工景观)的总和[7],是自然过程的呈现。乡村景观作为一种融合了自然景观与人工景观的乡村聚落的空间组织形态,是乡村聚落的表征,涵盖了内涵丰富的建筑空间、经济空间、社会空间与文化空间[8]。它融合了文化的和自然的两种内涵形成了自身的价值,反映着质朴的生态美学思想,特别在一些历史遗存的传统村落中,深刻体现了人与自我、人与人、人与自然、人与环境的关系,这其中也包括审美关系。乡村景观构造了人类文明的精神个性,传承了人类生活的独特精神记忆。乡村是人类在从事农业生产活动中与自然发生共同作用的场所。人们通过遵从自然规律而控制自然,为人类提供基本的农产品及其他物质资源。在乡村,自然环境有效地整合于人们的生活之中。而且,在这里生活的人们保持着对自然的亲近之情,充满了对土地和劳动的热爱。通过自然与文化长期相互交织与融合,形成了乡村人与自然交流互动的悠久历史与丰富内涵。村民们既以人的主观能动性去适应自然规律,又利用这种规律为人类文明服务;做到了既适应自然,又改造自然。

乡村是对生活形式的一种整体反映——即存在于世界上的一种整体方式——在这里人们可以表达目的与经验,即像他们在日常生活中所做的一样。在乡村中,伦理价值与审美价值交相辉映,自然美与艺术美相得益彰。乡村的审美价值,就在于它的综合包容性,它不仅蕴含着丰富的艺术美,也反映着深刻的自然美。这既是感性的美,也是智性的美。乡村之美寓于知觉体验及生态审美体验之中,它根植于乡村社会,反过来又对乡村社会产生了深刻影响。

生态系统是地球亿万年来形成与演化的结果,是自然力量的体现,它具有自身的净化能力以及再生能力。在原始社会,人类生产力低下。面临严酷的自然环境,人往往会对生存产生强烈的不安感。而美就是在为了满足人们克服这种源于生命不安感、环境不安感的现实需求过程中产生的。自然美是人类对地球生态系统的最初审美体验形成的经验,从人类栖息地理论来看,人们对自然美的认识产生年代久远。人们寻找适宜的自然,作为栖居的家园,并逐渐认识到何为美的自然,从中深刻反映了人对环境和谐的深切愿望。欣赏自然美,应该从生活出发,从栖居的环境出发,在生活中发现美并欣赏美。从美学价值论上说,自然美应成为乡村美学的中心议题。

艺术美与自然美具有平等的审美价值,但自然美是审美的基础,两者相互之间无法代替。人们对美丽的想象与大自然息息相关,在很大程度上,艺术美的创造就是恢复或重建人对自然美的审美经验。而艺术则是运用艺术的形式与艺术的语言,重新创造世界与自然的美丽,创造神圣生命与情感价值的审美体验。艺术必须具有自己特殊的语言符号体系,通过蕴含着人类思想与情感的形式,艺术才能获得自己的生命力。

从人类的乡村现状来看,其聚落选址、聚落布局、聚落风貌、公共空间、民居特征、植物造景、道路水系等均能体现出人类对自己家园的思考与理解。从一些传统村落的选址布局、造型风貌上分析,其不仅具备了杰出的艺术审美价值,同时还反映出深刻的自然审美价值。

随着人类社会实践活动的发展与扩大,"自然的人化"观念不断从意识层面转为现实的层面,人类逐渐把整个自然界作为自己的审美对象,从而形成了人类语境下的自然的美。这里的"自然的美"指广义的自然美,实际上已经包括了人类通过实践活动施加于其上的艺术美。但在生态审美产生之前,人类的审美是不完整的。一方面是由于"自然的人化"中伦理价值的缺失,但更重要的是因为还未完成"人的自然化",即在审美体验中的人真正地将一切自然的尺度内化为自己的尺度。从而使人成为真正的人——即自由的人,并可以与自然发生交互性主体审美关系的人。"自然的人化"后所形成的"自然",也即外生态环境,是由人类生存的自然环境与社会环境共同交织构成的,包括生态审美对象的三个层面,由实体层、价值层、审美层构成。而"人的自然化"后所形成的关于人自身的"自然",也即内生态环境,是指在生态美学语境下,有着审美体验的人将一切自然的尺度内化为自己内在的尺度时所产生的各种关系构成的对象,也同样包括实体层、价值层与审美层。其中,内生态环境的价值层、审美层与外生态环境的表现形式较为接近,而其实体层的承载形式主要是人的心理与人的行为。不同的行为需求通常是以不同的方式在不同的环境中发生的。外生态环境与内生态环境都是人类审美意识和审美实践下的产物,但两者的主要区别在于,一个是向外的,一个是向内的。由此,就产生了两种本质相同而表现不同的"自然"。要注意的是,这里以"生态环境"代替了"自然"一词,主要是基于以下考虑:(1)"环境"一词,在现代汉语体系中已经包含了人的因素,但同时又将人剔除于这个范围之外;(2)生态美学的主旨之一是主体间性,而"生态"一词格外体现着这些事物之间有机联系属性,因此就将其作为"环境"一词的前缀。

生态审美一方面还原本原,另一方面则创造对象。自然事物的美,从本质上看,并不在于其自然属性或自然生命,而在于自然借与人类发生交互性主体审美关系时所展现其积淀的伦理价值与审美价值。人类通过审美活动重塑了人与自然的关系,使得自然不再是外在于人的对象,而成为与人息息相关的,互为交互性主体的对象。人一旦开始通过生态审美活动与自然交织相融,即会成为"自然化的人",人类就能够从自然对象中"直观自身"。只有这样,人类才与自然发生生态审美的关系,自然对于人类才具有生态审美的意义,并成为人的自我确证和自我观照。

在运用生态美学讨论乡村时必须注意两点:首先,对客体的描述必须伴随主体如何进行体验的描述。其次,必须坚持个体体验对于所关注的现象是不可或缺的。过度理论化会剥夺生动真实的个体经验,过度幻想化则会让人远离体验丰富的对象。

2. 生态美学语境下的乡村审美

生态美学是以审美体验为基础,以人与世界的审美关系为中心,审视和探讨处于生态系统中的人与自然、人与环境的交互性主体关系的理论。乡村作为人类适应自然和利用自然的产物,是自然与人相互作用下交织形成的复合体。而生态美学则是人与自然之间相互对话的媒介。审美体验的背后蕴藏着人们的知识、价值和信仰,这些属于文化内核的因素在共同作用下,不仅影响了乡村的生活环境与生活方式,也关系着乡村的价值理解及其发展道路。

在以生态文明为建设目标的指引下,特别是融入了生态美学视角,去重新审视乡村价值理论对可持续发展道路的影响,以及生态文明的最终实现都有着极为重要的"转向"意义。在生态美学语境下,价值并非意指经济价值,而是指伦理价值与审美价值。对于价值的理解,会深刻影响人与环境的关系。近三十年来，我国许多地区为了提升和发展经济，急功近利并且盲目地进行以破坏性开发为主的城镇化，虽然使得中国的城镇资源要素得以迅速集中，城镇化步伐飞速迈进。但这是建立在大量耕地资源被侵占、农业产业发展弱化、农村环境污染加剧，农民不断边缘化，乡村秩序被扰乱，传统文化遭受冲击等代价下取得的成果。而在生态文明的概念框架下，乡村发展不再是为了单纯追求类似 GDP 这样的经济指标，而是强调经济发展、社会发展与生态环境相协调，展示有别于城市的农业价值、生态价值、家园价值、审美价值[9]，注重乡村和谐化可持续发展。这与生态美学有着紧密联系，在核心价值上保持了一致。

在当前中国快速城镇化的进程中，乡村景观与乡村文化都受到了前所未有的冲击。如果说乡村景观是乡村价值的外在展示。那么，乡村文化则是乡村价值的内在根本。文化提供给人们感知环境、理解世界的种种可能性[10]，是乡村保持其独特魅力和持续发展的核心所在。而乡村作为地域历史与文化的承载体，它不仅凝聚着丰厚的地域人文精神，同时也是人类场所记忆的集中体现。

在人类漫长的历史进程中，人们通过农业实践解决了食物及其他基础生活物资问题，同时也加深了对于环境的认知。人们理解了自己所置身的环境，进而确定了自己在天地之中的位置。为了维持农业生产的连续与有效，乡村形成了与之相适应的生活方式以及文化，这其中就包括了审美认知。中国传统村落深受"天人合一""道法自然"等思想的影响，强调理解和尊重事物本身的内在秩序。而在创造符合人类功能审美要求的外在空间秩序时，也同样注重情与境的营造和化生，无论是在村落总体布局上还是在建筑单体要素上都要体现"因任自然"。空间作为人行为发生的必要条件，在传统村落环境中，人在与世界的对话中发现天地之"大我"，继而理解并能欣赏到天地之"大美"，从而推动人类生活与自然生态的协调一致、个体欲望与社会伦理的和谐统一。需要通过生态美学的指引，去重新审视并再认识乡村，发现传统村落所传递的价值。

传统村落作为人类生产生活的产物，蕴含着深刻的内容。在一定层面上，传统村落代表着一种和谐的人类聚居空间。这种和谐，并不一定是自觉的，但至少是在当时的生产力条件以及社会、文化背景下自发形成的,是当地人在技术、知识和人力方面所达到的最佳境界。Bourassa[11]曾言:"景观是特别庞大的美学标的物,它可以是艺术、加工品和自然的混合体,并且不可避免地和我们的日常生活纠缠在一起。"对于传统村落而言正是如此,也诚如 Koh[12] 所说,"景观是模糊的是因为它不是外在的某样东西,而存在于我们其内,我们即是景观,无论是实在的,象征的还是隐喻的"。在乡村聚落中,生活着的人与"自然的人化"后所形成的"自然"之间的审美关系,主要是通过人的生活环境来反映。这是因为,人类生存的自然环境与社会环境共同塑造着人的生活环境,同时也深刻影响着反映"人的自然化"后所形成的关于人自身生态系统的"自然"审美关系的生活方式。而人的生活方式在与生活环境相互适应的同时,也深刻地影响和改造着生活环境。这既可能产生正面促进的积极作用,也可能会发生负面的消极效果。但通常结果是,它最终形成了地域性特征鲜明的生态文化,而这些特征往往反映在村落风貌以及村民的生活方式上。而自然的一些主要特征,例如整体性、有机性和多样性,在乡村聚落上也有着丰富的反映。在服从生态原理创造并经营的乡村景观,从各个方面而言都是符合生态美学建构的:整体的景观结构组成是相对稳定的且富有弹性的(可成长性),能够持续较长时间跨度(可持续性),而其所需的维护管理成本也相对的经济,资源消耗少且使用高效(低维护性)。在一定的地域尺度下,能够实现同类型或不同类型下的村落共存(包容性)。当然,乡村聚落在遵循生态原理的过程中,仍然需要设法去积极结合其他的目标价值。例如包括:土地使用项目的和谐、空间与设施的适宜性,以及便利性、形式美感与整体环境的统一感,等等。

一般来说,具有生态美学价值的事物是符合自然规律并且是符合生态伦理的,它达到了"自然而然",而"自然而然"的事物则是能够显现美的普世价值的。当然,根据生态美学理论,其实质是一种主体间的交流与对话。因此,真正生态美学的完成,即生态审美的发生是自然与人类发生交互性主体审美关系,这并不是事物本身只要具有生态美学价值即可,而是需要生活在其中的人与之发生交互性的审美体验,同时完成自然的人化及人的自然化的过程。正因为如此,"生态规律""生态伦理"与"生态审美"的共同实现完成了生态美学意义上的统一。当然无论如何,乡村聚落本身并不包括所有生态美学内涵，而生态美学则可以成为理解乡村聚落的根本出发点和与之相关的重要议题。

一个符合生态审美的乡村必定是开放、有机、多样，但同时又是整体统一的聚落。只有这样的乡村，才具有类似生命体机能的系统，具备良好的生态功能，其内部各要素都拥有适合生存的机会和竞争的条件，以及对人类生活提供有效的支持。同时，乡村中生活的村民的自我感觉和精神能力也能与自然规律及生态伦理相协调统一。这也是符合生态审美乡村能够形成并发展的关键。作为交流彼此主体间性场所的乡村，人的因素是生态审美关系得以确立的最关键因素。

3. 乡村的生态审美范式

乡村的生态审美主要是外生态环境审美，与此同时，由于人是生活于特定的时空环境下。因而，特定的人也具有其独特的内生态环境审美。

人类在规划、设计、建造乡村聚落，乃至生活于其中的过程中，或是自发或是自觉地使用了乡村审美范式。这里所说的范式（paradigm）指的是模式或规则的范例化，也即公认的范例、模式。实际上，范式就是一个特定群体成员共同接受的价值和技术的总和，是某一时期内人们普遍认同的某种自明性的"精神景观"类型，它是人们在进行某种实践活动中不自觉流露出的深层预设，它规定了人们活动的深度和广度。

乡村中生活着的人与其外生态环境的审美之间的相互关系，在人的生活环境中得以体现。而人与其内生态环境的审美关系，则可通过人的生存生活方式来反映。生活环境与生存生活方式涵盖了人与其所处的内生态环境与外生态环境双重审美关系，并以生态文化的形式具体表现出来。

在乡村中，人的外生态环境所蕴含的生态审美内涵是由生活环境中的各种具体形式得以体现的。

空间形式，乡村聚落在自然环境与人工建成环境所构成的整体空间关系中，遵循着整体性、有机性、多样性的原则。它通过地形、建筑、院落、溪流、水塘、街巷等物质实体限定了各自的空间，这些物质实体在相互组合中，获得了相应的空间属性。在界面关系、图底关系、景观格局、规模、布局、体量等多方面，呈现出个体差异与整体一致间的平衡，从而形成了乡村聚落的有机秩序。

时间形式,乡村作为人们居住、生活于其间的充满有机秩序的场所,有其产生、成长、衰败、更新直至废弃、消亡的演化更替过程,并且在一年,甚至一日之中,由于天光、气象等种种因素产生了丰富的形象变化,从而形成了乡村所呈现的时间形式。

空间形式显示了乡村的空间维度,时间形式则代表了乡村的时间维度。空间形式与时间形式既相互独立又相互渗透,它们共同构成了乡村的物质实体,也是乡村审美的物质载体。

在乡村中,人的内生态环境所蕴含的生态审美内涵,是由人的生存生活方式得以反映。

生存方式即村民围绕人的基本需要,利用乡村聚落所属空间与设施,开展渔猎耕种、手工艺制作、营建住所、饮食起居等维持机体生存的生命活动系谱。同时,这些活动也是保障乡村绵延生息的基本条件。对村民而言,生存不仅是一个完善自己的手段,从某种意义上来说,生存本身就是一个绝对的目的。

而生活方式则是村民利用乡村聚落所属空间与设施,进行休闲、娱乐、学习、颐养等超越生存层面的生命活动系谱,它包括精神层面所表现出的价值观、偏好、主张、行为取向和生活态度等等。诸如此类的活动的开展,不仅是出于生存目的,更是人们在满足基本生存后为了充实内心、传承文化、升华精神所开展的一系列代表着生存意义的物质精神生活。

乡村的内生态环境和外生态环境,均通过体验(experience)来完成其审美过程。体验包括三个层面。

身体体验,对于生活在乡村的村民来说,乡村聚落给了他们感官上的深刻体验,通过身体感官使其获得了审美体验。视觉占据人体获取信息的主要来源,因而视觉体验能够以最直观的体验方式使人感受审美,这也是产生审美意识最为常见的方式。听觉体验也是身体体验的一种重要方式,在乡村中聆听自然的声音、生产的号子,村民身心获得了真实而又超脱的审美体验。而触觉体验是乡村众多的农事活动以及手工业生产让置身其中的村民感受审美体验的一种重要身体体验方式。触觉体验的直接性与亲密性能给人以身体与心灵上的震撼。因此,触觉体验也是形成生态审美体验的一大关键因素。

知觉体验,是对乡村聚落形态、风貌的整体性感受,同时它还包括对家园所具有的种种记忆以及情绪表现的把握,这使得乡村聚落成为一个投射记忆与情感的场所。

生态审美体验则是村民在生活中谋求与自然融为一体的体验活动。与生态审美体验相关联的外生态环境与内生态环境,在一定的程度上呈现出人与世界的和谐共生。

乡村生态审美体验所确认的人与世界形成的形象的、情感的关系状态可分为感性移情、智性移情、生态移情三种移情状态,它们分别蕴含着不同的生态审美内涵。

感性移情,是指通过直观感受来感觉乡村所具有的美,例如形态、风貌等等,并以此确认自身与这个世界的关系状态。当人们透过感觉来直观感受一个符合生态审美旨趣的空间时,不仅使他们的感官愉悦舒适,更会让他们内在心灵得以滋养补益。

智性移情,比感性移情更集中、更纯粹、更典型,它能使人与这个世界的关系更加紧密融合。理解并掌握自然与艺术的基本规律能够把握乡村聚落及乡村景观所蕴含的种种内涵,从而使人将存在于乡村的外显景象和内涵意义融合形成一种关于人与世界关系状态的新境界。

生态移情,当自然的人化和人的自然化相互匹配协调,人能够与自然交流主体间性时,人因为确认了自然的存在状态,也确认了自身的存在状态,所以最终确认了人与自然、人与环境的一致统一,也即人的内外生态环境的协调统一。此时,人类生活的意义与状态将超越个体体验并得到升华。

感性移情是乡村审美的基础,而智性移情与生态移情则是对乡村审美的深刻把握与升华。这三者紧密相连、有机结合,构成了乡村生态审美的最终表达。

八、传统村落与其生态审美

1. 传统村落与聚落景观

由于山脉、河流阻隔等地理环境因素，中国一部分地区交通不发达，历史上这些地区因此较少遭受战乱等因素的破坏，文化、经济上虽与周围城镇有一定联系，但始终保持了自己的独特性。中国至今还留存了相当数量的传统村落。中国的传统村落强调与自然的有机融合，顺应山水地形，讲究空间变化。英国哲学家罗素[13]早在20世纪前叶就指出"典型的中国人希望尽可能多地享受自然环境之美"。李约瑟[14]曾写道："中国人在一切其他表达思想的领域中，从没有像在建筑中这样忠实地体现他们的伟大原则，即'人不可能被看作是和自然界分离的'。"中国的传统村落突出反映了人醉心于融合自然山水的人居环境之中。

聚落景观，现在被广泛地认为是一个重要的集合概念，它不仅融合了自然景观与人工景观，还涵盖了建筑空间、经济空间、社会空间与文化空间。人们普遍认为它是联系人与地之间关系的产物。传统村落作为中国先民们历史和劳动的见证者和记录者，是先民们不凡的创造力和家园意识的凝结，也是个人抱负与社会需求之间不断协同不断发展的结果。从这个意义上讲，它们是一种人类共有的具体语言，联系着"我们曾是什么"与"我们是什么"。而且，景观不是静止的，是动态的演化的，意味着拥有、劳作。直到现在景观仍然是这个世界的活力源泉之一，这也是它们存在的意义之一。

中国地理环境复杂。在漫长的历史中，形成了特色产业与功能定位不同，以及各种类型不同的村落。根据地形地貌，大体可将传统村落分为山地型、平原型、水乡型、滨海型四大类，而依据村落的特色产业与功能定位，则可分为传统农业型、特色手工业型、交通贸易型以及军事要塞型。山地型村落是坐落于山地丘陵地形上的村落。平原型村落则是坐落在面积广大、平坦开阔地形上的村落。水乡型村落通常位于平坦平原或偶有低矮丘陵分布的水网密布地区。与平原型村落不同的是,水乡型村落的河流是影响村落格局与经济社会发展的主导因素。滨海型村落位于滨海地带,在这类村落中,海洋因素是决定其村落格局与经济发展的主导因素。

由于中国传统农业历史悠久。因而从总体上看,中国的村落以传统农业型居多。同时,由于中国山地丘陵广布且山区交通闭塞、经济发展相对缓慢,从而使得村落所受现代文明的冲击较小,还维持着较为原生态的风貌。传统村落多为山地型。通过对一些代表性村落的调研(表1,表2),我们试图以现状断面来展示乡村聚落语境下的生态审美历史脉络。

根据前文所述,乡村的生活环境和生态审美借由形式展现。形式具有内涵性,是蕴含了特有结构模式的存在方式。与此同时,形式又具有外显性,即具有表征内涵的一定的外部表现形态。在通过考察乡村的外部表现形态时,可以探究人们生活环境中和生态审美中的形式要素。乡村景观的形式具体表现在各种复杂而具体的场景之中,各种物质实体交叉、混杂、重叠着呈现[15]。乡村的外部表现形态包括空间形式与时间形式,空间形式是乡村在自然环境与人工建成环境构成的整体空间关系中遵循整体性、有机性、多样性原则,并由实体元素所形成的格局、肌理、形制、界面关系等多方面呈现出乡村聚落的有机秩序。而时间形式则是乡村整体及其内部各物质实体随着时间推移所变化产生的特定序列。在具体的案例研究中,我们主要依赖地方志、地图与其他文本,以及图形和影像手段(如卫星图)来尝试构建"真实存在"的序列。而更为可靠的研究方法还是从历史断面中当下乡村聚落的空间形式来解析其符合自然规律、生态伦理,"自然而然"的生态审美内涵。

表 1 调研村落类型

类型	村落名
山地型（34）	北京市门头沟区爨底下村*,山西省灵石县夏门村*,山西省汾西县师家沟村*,山西省介休市张壁村⁻,山西省灵石县冷泉村⁺⁻,山东省昌乐县响水崖村*,陕西省柞水县凤镇街村*⁺,安徽省黟县西递村*⁺,安徽省黟县宏村*⁺,安徽省泾县查济村*⁺,浙江省杭州市余杭区茅塘村*,浙江省杭州市萧山区东山村*,浙江省桐庐县深澳村*,浙江省台州市黄岩区半山村*⁺,浙江省台州市黄岩区乌岩头村*,浙江省丽水市莲都区下南山村*⁺,浙江省丽水市莲都区堰头村*⁺,浙江省景宁畲族自治县东弄村*,浙江省景宁畲族自治县漈头村*,浙江省缙云县河阳村*,浙江省缙云县岩下村*⁺,浙江省松阳县石仓村*♯,浙江省云和县金川下村*,浙江省泰顺县塔头底村*,江西省黎川县洲湖村⁻,湖北省咸宁市刘家桥村*,湖南省慈利县茅庵村*,湖南省江华瑶族自治县井头湾村*,贵州省务川仡佬族苗族自治县龙潭村*♯,贵州省三都水族自治县怎雷村*,福建省南靖县石桥村*⁺,福建省南靖县塔下村*⁺,福建省寿宁县西浦村*,广西壮族自治区南丹县怀里村*
平原型（6）	河北省蔚县北官堡村⁻,山东省潍坊市寒亭区杨家埠村♯,河南省焦作市示范区寨卜昌村*♯,陕西省韩城市党家村*⁺,浙江省诸暨市泉畈村*,江西省崇仁县华家村*
水乡型（4）	江苏省苏州市吴中区杨湾村*⁺,江苏省苏州市吴中区陆巷村*⁺,浙江省嘉善县北鹤村*,浙江省湖州市南浔区荻港村*⁺
滨海型（2）	山东省青岛市青山渔村*,宁波市象山县东门渔村*

右上标 * 为传统农业型,♯ 为特色手工业型,⁺ 为交通贸易型,⁻ 军事要塞型

注:传统农业型并不单指传统种植业,传统渔业也涵盖其中。更新截至 2019 年 6 月 25 日资料

表 2　调研村落特点

村落名	特点
北京市门头沟区爨底下村 * #	拥有比较完整的山村古建筑群,韩氏宗族村
山西省灵石县夏门村 * #	依山傍水的城堡式古村落,梁氏宗族村
山西省汾西县师家沟村 * #	黄土高原上的山地民居经典村落,窑居典范
山西省介休市张壁村 * #	军事堡垒式的古村落,集军事、宗教、民俗于一体
山西省灵石县冷泉村 * #	秦晋古驿道咽喉,集防御和居住功能为一体的堡寨式村落
河北省蔚县北官堡村 #	军事堡垒式古村落
山东省潍坊市寒亭区杨家埠村 #	以木版年画和风筝制作而著称的民俗文化村
山东省昌乐县响水崖村	山东省级传统村落
山东省青岛市青山渔村	滨海渔业型传统村落
河南省焦作市示范区寨卜昌村 #	寨卜昌村古建筑群属全国重点文物保护单位
陕西省韩城市党家村 * #	列入"国际传统居民研究项目",被称为东方人类传统民居的活化石
陕西省柞水县凤镇街村	属中国历史文化名镇核心部分
安徽省黟县西递村 * #	世界文化遗产,全国重点文物保护单位,中国古代和现代历史的衔接点、明清古民居博物馆
安徽省黟县宏村 * #	世界文化遗产,全国重点文物保护单位,风水布局
安徽省泾县查济村 * #	查济古建筑群属全国重点文物保护单位
江苏省苏州市吴中区杨湾村 *	太湖之滨山村

续表

村落名	特点
江苏省苏州市吴中区陆巷村*	香山帮建筑的经典之作,被誉为"太湖第一古村落"
浙江省嘉善县北鹤村	浙江省级历史文化村落
浙江省湖州市南浔区荻港村*#	江南水乡村落中的"活化石"
浙江省杭州市余杭区茅塘村	杭州市代表性山地传统村落
浙江省杭州市萧山区东山村#	杭州市代表性传统村落,历史文化底蕴深厚
浙江省桐庐县深澳村*	以申屠家族的血缘为纽带的江南古村
浙江省诸暨市泉畈村	村内古井桔槔灌溉工程列入世界灌溉工程遗产名单
浙江省象山县东门渔村#	海岛渔业型传统村落
浙江省台州市黄岩区半山村#	黄永古驿道上的村落
浙江省台州市黄岩区乌岩头村#	黄仙古驿道上的村落
浙江省缙云县河阳村*#	朱氏宗族庄园村
浙江省缙云县岩下村#	传统山地村落石构民居集中地
浙江省丽水市莲都区堰头村#	村内有全国文保单位通济堰
浙江省丽水市莲都区下南山村	浙江省级历史文化村落
浙江省松阳县石仓村	浙江省级历史文化保护区,阙氏家族客家村
浙江省云和县金川下村	浙西南代表性山地型传统村落

续表

村落名	特点
浙江省景宁畲族自治县漈头村[#]	雷潘两氏畲汉和谐相处代表村
浙江省景宁畲族自治县东弄村[#]	浙江省畲族历史人文保存最完好的畲族古村
浙江省泰顺县塔头底村	浙江省级历史文化村镇，季氏宗族村
江西省崇仁县华家村[#]	华氏宗族村
江西省黎川县洲湖村[#]	江西省级历史文化名村，洪门圣地
湖北省咸宁市刘家桥村[#]	楚天民俗第一村
湖南省慈利县茅庵村	湖南省传统村落
湖南省江华瑶族自治县井头湾村[#]	平地瑶族特色村落
贵州省务川仡佬族苗族自治县龙潭村[*]	全国唯一的仡佬族文化保护建设村寨
贵州省三都水族自治县怎雷村[*]	水族代表性传统村落
福建省南靖县石桥村^{*#}	客家张氏宗族村，客家土楼聚落
福建省南靖县塔下村^{*#}	客家张氏宗族村，客家土楼聚落
福建省寿宁县西浦村	福建省级历史文化名村，津梁密布，千年血缘古村落
广西壮族自治区南丹县怀里村	瑶族白裤瑶代表性传统村落

右上标 * 为中国历史文化名村，# 为中国传统村落

更新截至 2019 年 6 月 25 日资料

根据热力学第二定律，所有的事物都在缓慢地分崩离析。因此，世间万物都需要系统外的物质、能量与信息（秩序）来维持自身的状态。只有"自然而然"的乡村才具有足够的生命韧性，即具有充分的可成长性与可持续性，如此，才能以最健康的姿态和最大的可能性存活至今。"靠山吃

山，靠水吃水"，这是"自然而然"的基本状态，从资源的利用层面看，这种乡村生活方式意味着它仅符合生态美学的最低要求。如果不注重可持续性，而让这种基本的"自然而然"任由人的欲望去耗尽内生禀赋，再借由不断地外延式扩张消耗周边资源以维持自身生存与发展，则注定了这种发展模式的不可持续。因此，对环境的友好性即可持续性，及与周边环境的相容共生即包容性，也是其应有之义。利用自身特色发展延续自己，同时又能考虑到这种方式的可持续性，即在生态系统的物质能量信息流动中能否自给自足，或是对周围环境产生一种最低程度的扰动，即这种扰动可为生态系统通过自身的调节能力恢复到平衡状态所吸收，这是乡村生态审美揭示的乡村应有内涵。此外，乡村的发展受到交通手段、人力物力、生产技术以及周围自然资源的限制，而村落周边的耕地与水源在一定程度上决定了村落可支撑的人口数量，也因此村落只能以一定的规模存在[16]。而有限的规模让村落能对生态系统产生只构成可恢复平衡的低扰动。这也是村落能否可持续发展的关键因素之一。

传统村落坐落于特定而具体的场地之中，反映着在特定的地形、地貌与气候等自然条件下先民对于人居环境的理解。山地型传统村落通常坐落于背山面水的向阳处，这是在综合考虑如何有效阻挡西北寒流，解决生产生活用水及取得良好日照采光后的自然选择，同时也是符合传统审美中的依山傍水的审美诉求（图1，图2）。而对于交通便利、地势高爽、利于生活等也是村落营建主要考虑的因素。此外，由于中国易发生水旱灾害，因此很多村落都依靠修建水利设施以成就其乡村发展，如安徽省黟县宏村的人工水系、浙江省丽水市莲都区堰头村的通济堰（图3）、浙江省桐庐县深澳村的地下水系（图4）等等。平原型村落近水靠田、街巷纵横，四向发散发展，村落形态呈团状。由于土地广阔，通常情况下，村落规模与尺度较大。同时，平原型村落多农业发达，具有浓厚的农耕传统，并由于便利的交通条件，与周边城镇保持着良好的物资交流和人员交流。这些特点在河北省蔚县北官堡村（图5）、河南省焦作市示范区寨卜昌村（图6）、陕西省韩城市党家村等北方平原村落都有着非常生动具体的体现。而在南方平原村落中也有相似的呈现。水乡型村落枕河而居，村落格局沿水系展开，常临水设院，院落开敞。由于村落保持着与河道的紧密联系，一

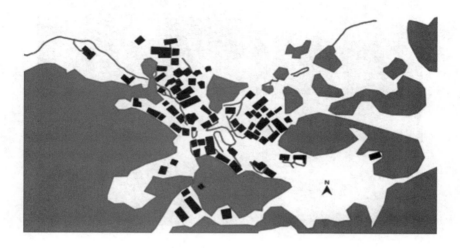

图 1　黄岩半山村空间结构图示

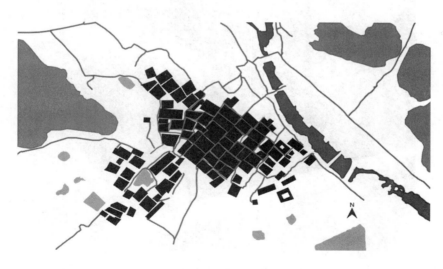

图 2　缙云河阳村空间结构图示

图 3   莲都堰头村通济堰

图 4   桐庐深澳村地下水系

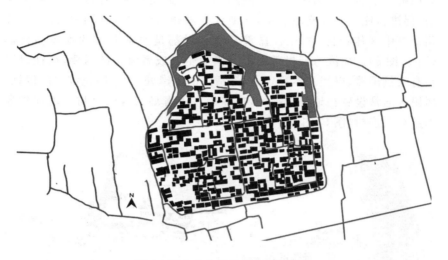

图 5 蔚县北官堡村空间结构图示

图 6 焦作寨卜昌村空间结构图示

方面解决了生产生活中的用水问题，另一方面也可利用河道开展水上交通，促进村庄的对外交流联系，如浙江省湖州市南浔区荻港村、江苏省苏州市吴中区陆巷村、浙江省嘉善县北鹤村都是非常典型的水乡型村落（图7，图8）。而滨海型村落则由于渔业生产或者海防的需要，往往设置在有天然屏障、岸线基本稳定、水深适宜的水岸处，为了防止潮水的侵扰，居民区通常设置在地势较高处，这在山东省青岛市青山渔村和浙江省象山县东门渔村（图9，图10）有所体现。

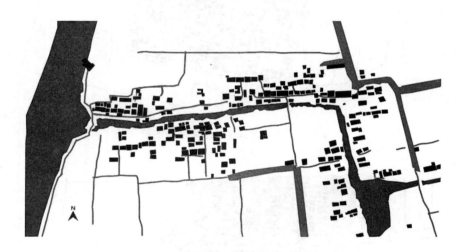

图 7　嘉善北鹤村空间结构图示

2. 传统村落的生态美学语境

人究竟应该是融入自然、适应自然还是要创造适应人的自然？当人与环境产生矛盾时，我们究竟应从自身寻找原因，还是归咎于环境本身呢？在科技力量日新月异的今天，人类为了更好地生存发展，在利用自然和改造自然的道路上大步迈进，但与此同时一部分人也逐渐意识到了维持与自然和谐共生的重要性。人类在对自然的认识上，经历了从"敬畏自然""征服自然"到"人与自然和谐相处"三个阶段。而与之相对应的三个审美阶段则分别是"前生态审美""分析审美"与"生态审美"。关于人类的认识问题，各种流派观点也不尽一致，但目前的主流观点是：人类的认识

图 8　嘉善北鹤村一景

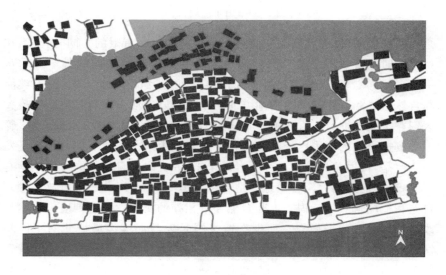

图 9　象山东门渔村空间结构图示

图 10　象山东门渔村一景

是无限发展的,但在特定历史背景下这种能力也是有限的。同时,人类在特定的时空背景下改造自然的能力也受制于当时所掌握的科学技术水平。由此确立了"人与自然必须和谐共处"的认识论基础,只有在人类能与自然形成和谐相处关系的地方才会出现美好生活。人与其他动物最大区别在于人类拥有强大的实践能力,能够大范围深度地改造自然。尽管人类改造自然的能力已经随着科技的进步和生产力的发展而得到长足发展。但是,可以预见即使是在不远的未来,人类改造自然的能力依然是有限的,还不能达到完全自由地创造外部环境的状态,因此决不可放弃融入自然和适应自然的意识。人与自然和谐相处的实质就是达到适应自然与改造自然的最佳平衡点。而生态审美则是人与环境沟通彼此的主体间性,是人类把握世界的一种特殊形式,是人与世界形成一种形象的和情感的关系状态,既包括人的认识,也包括人的实践。同时,尽管人类个体对自然的理解是有限的,但基于主体间性人对自然的体验是无限的开放的自由过程,人经由交互主体经验可形成无限丰富的生命体验活动。在生态审美中,自然的存在与发展将是与人的意识互动的过程,也是一种可持续的开放性过程,它将与人类的存在与发展相依共生。

在传统中国社会,农业是其根本,这里所说的农业实际长期是以小农经济为基础的,具有天然的内部封闭性。自然的地理屏障与文化生活的保守性,使得中国传统社会得以长期稳定延续在农业文明的经济文化生活轨道上。中国传统社会在审美方式上基本属于前生态审美阶段,但在一些思想层面和实践方法上,又与生态审美较为接近,如重视乡村环境,注意生物的保护与延续等。在中国传统村落中,有三大生态审美核心要素,分别是敬畏天地的生态思想、顺应环境的空间结构以及生态可持续的生产生活方式。

敬畏天地的思想是不少传统村落村民所信奉并遵循的朴素的生态哲学,它促使村民们善待村落周围的自然万物,合理地开发和利用自然资源,以维持村落的可持续发展。顺应环境的空间结构是指村民顺应地形气候等自然条件来构建村落。生态可持续的生产生活方式是指传统村落的生产生活方式与当地的气候、自然资源相适应,是村落与自然的良性互动。即村落通过与环境之间物质能量的交换,完成村落生态系统的物质循环与能量流动,在维持自然生态环境平衡的同时,也保证了村落生产生活的可持续。

传统村落中的先民们运用朴素的生态思想观念,顺应当地独特的地理、气候条件,构建了山野生态单元、田地生产单元和聚落生活单元三大空间结构单元。这三大空间结构单元与外界自然生态系统紧密相连,通过与自然中物质与能量的传递循环,形成了一个生态可持续的空间结构系统。山野生态单元通常处于村落的最外层,由水源林、风景林与经济林组成,它为聚落生活单元与田地生产单元提供了保障与缓冲,是整个村落空间结构系统的重要基础。山野生态单元能够在提供涵养水源、保持水土、提供屏障等功能的同时为村民提供各类生产生活所需的燃料、建材、食物、手工艺原材料等物资,堪称是传统村落的物质资源库。聚落生活单元则处于村落空间结构系统核心区,通常由民宅、宗祠等组成,是村民生活栖息的重要场所。宗祠通常设置在聚落生活单元中心处,用于开展宗

63

族事务以及祭祀活动。而民宅则环绕宗祠或集中或散落于周边。此外，在不同的村落中还有其他各类宗教建筑、生活建筑与生产设施，如寺庙、书院、粮仓等等。这些建筑与设施各自组合，形成了街巷空间，并与村落中的山水地形有机交织在一起，最终形成了丰富而各具地方特色的乡村景观。田地生产单元通常介于山野生态单元与聚落生活单元之间，它有水田、旱田等多种形式，或种植稻麦等各类粮食作物，或种植茶、棉等各类经济作物，是村民获取各类农副产品的生产劳作场所。

乡村深刻地反映了人类生态系统的整体性、有机性、多样性以及主体间性下的人与环境的审美关系。不同尺度的乡村聚落是乡村环境中最重要的人工因素。从农舍、院落再到其他要素，经由路径将要素串联起来，构成人的尺度下乡村聚落的空间序列。此外，乡村聚落还包括由自然转换成文化景观的各种要素。这些要素相互组合，最终形成整体风貌统一，但又不失个体多样变化的聚落景观。在这种景观中聚落与环境的关系是由聚落承担焦点，而环境则被浓缩或"诠释"在焦点中。

传统村落最为基础的整体性是指村落与自然环境间的充分协调。通过对我国一些延续至今的传统村落考察，可以发现它们与自然环境之间存在着一种天然的"默契"。这种与自然环境条件的协调共生，反映出先民选择、设计、建设及维护人居环境时的智慧。例如，传统村落在选址上通常有以下几方面考虑：一是水土丰美，适宜耕种；二是山环水绕，气候适宜；三是安全防范且无地质灾害。在中国传统村落中，可以深刻体会到先人们所强调的"藏风聚气、山环水绕、含蓄宁静、意境深远、虚实相融"，进而最终达到"有限变无限、有界变无界""引人入胜、令人遐思"的审美诉求。这种诉求与生态审美的境界非常接近，旨在强调人与自然的融合，充满了人与环境互为主体关系的意味。这些美学特征构成了延续至今的中国人对居住环境的整体性认知。

传统村落的另一个特征就是有机性。这种有机性是局部的，自下而上的嵌合式演化。聚落空间不仅是居住、生活与生产空间的有机组合，更是不可分割的整体空间。在传统农耕时代生产力条件下，由于生产工具、交通工具的限制，以及生活方式及文化因素等的影响，形成了传统聚落中生活空间与生产空间两类空间相邻紧密联系的特点，既保持一定独立性

64

又相互协调渗透,即在用地布局上,传统聚落形成了相对分离但又整体统一的空间布局,并且还保持着有机演化,从而使得乡村聚落形态结构更加适应现实功能的发展需要。这种多功能组合镶嵌所产生的有机性,就成了传统聚落空间的典型特征。

此外,由于我国许多地区长期处于农业社会的历史背景下,生产力水平相对较低,工程技术条件的限制使得人们难以对地形地貌施以较大的改变,同时建材也主要是就近开采,工匠们个性化的营造技艺也难达到规模化的复制。因此,传统村落空间显示出的是多样性特征,造就了不同地域丰富多样的传统聚落空间细部形态。

人与环境互为主体关系则意味着主体经验交互,这在古人的诗文中也有体现,如"相看两不厌,只有敬亭山。"这不仅仅是将自然人格化,寄托自己情感的表达方式,也是一种自发的生态审美体验,它代表了相当一部分古人所具有的情怀。我们必须去了解依旧居住于传统村落中的村民们的生活方式。无论这种选择是主动还是被动,它都体现了人与其内生态环境的审美关系。在当今中国城镇化快速发展的背景下,乡村的生产力条件、生产关系和生活方式都发生了巨大的变化,传统村落曾经赖以维持的生产力和生产关系已不复存在,而现代的文化娱乐生活方式在不断地渗透并影响着原住民,现有的空间形式沦为徒具其表没有生活力的"外壳"。如果单从生产力和生产关系与社会结构的关联性来认识,当下传统村落的物质环境和社会活力式微的趋势是难以抗拒和不可避免的。留存下来的乡村聚落成了历史延续的结果,它们能否担当起时代所要求的新功能并继续延续下去,当代人又该如何去探索和重构,既能继承传统聚落空间的特点特征,又适应文明新形态的生存生活意义空间,从而来重新定义聚落的审美意义,这将是一个需要深思的问题。

尽管村民在现实生活中所体验的东西在很大程度上可归为审美,但首要的问题并不是视觉美的问题,而更多的是生活方式的问题。传统村落保存了传统建筑、公共空间、生产空间及与自然环境的组合,以及由这种组合所衍生的人际关系,最终使乡村成为美好的生活场所。对于村民来说,这种充满活力、有机融合的环境是一个富有吸引力和令人回味的情感空间——家园,而这最终又决定了乡村的生活质量。很少有村民对于村庄聚落的建筑学意义和历史意义具有专门的知识,但这种知识的缺乏并不影响他们对于干扰村庄的行为做出范围广泛的抗拒行为,虽然其中大多只是意识层面的抗拒而已。村民们的景观审美是由从小生活其间的传统聚落的风貌培育起来的。人们倾向于保存自己熟悉的事物,也即维护自己原有的生活方式、生活秩序,这在一定程度上也起到了延续历史文化传统,保护建筑风貌的作用。

综上所述,可以看出传统村落所具有的一般特征已经在一定程度上反映了生态审美指导实践的原则,其所揭示的内容已为生态审美的实践和运用提供了一种可能,当然更多的内涵需要继续深入研究挖掘。

3. 生态审美视角下的乡村诠释

乡村充满了人类的气息与印迹,它忠实记录着人类的活动与历程,其中也包括了人类的审美体验与审美实践。在传统村落中,人与自然交叠共生、协同演化。这正应了卡捷特(Cajete 1994)[17]所述:"在美国的许多地方,原住民(印第安人)积极地与其所在场地相互作用,通过忙碌的工作,使他们成为地方上每一件事物的参与者。虽然,他们本身就是影响地方发展的重要因子,但是他们更领悟到自己必须怀着谦恭、理解及尊敬的态度去对待场地的神圣性及所有共处的生物,才能使所有向着正向和谐发展。"尽管她描述的是美国印第安人的聚落,但这句话对中国传统村落同样贴切。随着时代的变迁,本书调研涉及的 46 个传统村落中,只有极少数至今还维系着较强家族血缘纽带的村落才依稀可以看到这样的场景,如党家村、深澳村、查济村、河阳村、石仓村、潵头村、华家村和井头湾村等。

人类为了适应生态系统中各种环境的力量,塑造出与自然生态相互依赖、共生、共存的人文地景,成为融合人类文明与大地演替的一种生态艺术,其中蕴含着深刻的生态秩序与定律。加拿大学者卡尔森[18](Carlson,2001)在一篇名为《人居环境的审美价值判断(On aesthetically appreciating human environments)》的文章中指出:人居环境的美感精华,能够彻底地融入日常生活,并让多数人得以理解。他进一步解释:只有透过生态的方向和所有相关机能的适配,才能成就人居环境的最高美感,达成人与自然的共生双赢。而对于如何完成这个终极目标,他认为是顺从自然生态的运行原则，即是"看起来像它们应有的样子（looking as they should）"[19]。这与本书所提出的"自然而然"有着异曲同工之妙。

（1）此在与共在

①此在的乡土

人作为此在，在他的存在中与这个存在有关，而世界是此在本身的一种性质。存在的本质是生存，生存"规定"着此在[20]。那么，普通的中国村民又是如何构造这种境况来展开存在的种种可能性呢？"人们利用土地来坚持自己的权利，征服未知世界，并表达成功的喜悦[21]。"中国村民对土地充满着崇敬与眷恋之情。这种与生俱来的乡土意识源于漫长的农耕社会中形成的乡土社会及所建立的乡土关系。根据一些学者的分析认为，"乡"是世代居住的场所，而"土"则是生活的根基[22]。我们也持类似的观点，认为乡土是农民赖以存在的可能的场所。

地域性资源的利用是人与自然互动的场所活动，与生态伦理下的场所性要求相呼应。在本质上，资源是一种存在于人类欲望、能力以及对环境评价间的功能关系。对于资源的利用，既包括最基本的"靠山吃山、靠水吃水"的物质利用，也包括人与自然主体经验交流下所形成的"一方水土养一方人"。乡村总是体现为其对地形地貌气候的适应性转化。在建筑和聚落所代表的生活环境空间形式方面，包括选址、格局、肌理、形制、材料、工艺等等，共同构筑了不同特色的居住体系。在相当长的历史跨度中，中国的传统民居以木结构为主，建筑平面则包括了长方型、一字型（图11）、合院型（图12）、曲尺型及环型等等。而随着时代的变迁，木结构建筑又向石木（图13）、砖木演化，建筑平面立面也随之发生了诸多演变。

自古，中国人就一直将住宅理解为一个小宇宙。住宅不仅是人与自然的中介，也是自我世界得以实现的家。宅居环境的经营，最根本的就是要顺应天道，以自然为本。

②共在的体验

乡村中所有事物都是与其环境的有机相连，与指向它的事件、体验联系。传统村落不是一个纯粹的物质空间，蕴含了基于观念与认知所建构的关于场地的形象与情感的关系状态。体验的发生，让人与乡村发生了关联，也使得乡村形成了自身特征与鲜活的生命力。而这里的观念与认

图 11 黄岩半山村一字型木结构民宅

图 12 缙云河阳村四合院木结构民宅

图 13 缙云岩下村石木结构民宅

知也包括前生态审美观念与认知。人们所能够具体感知的形象,就是多种元素交织在一定的空间范围和时间进程中,并凝结留存于人的意识中具有抽象属性与具象可感的复合体。据此而言,能够同时展现"空间价值"与"时间记忆"的乡村景观,就是符合生态审美的环境。因而,传统村落中的空间是与各种曾经发生其中的人的体验相关联的场所空间。这些体验如:为避中原战乱迁徙至此的家族记忆;绵亘古道数百年的交往与贸易所留存的场所印记(如图14);族群交流冲突背景下墙垣堡寨遗存所流露出的岁月沧桑往事。成为在自家台阶上闲坐、与邻里攀谈中所投射的情感记忆。千百年间,中华大地成为因各种不同的审美体验而孕育出丰富的地域文化,也使各地传统村落呈现出了不同的品性与风格(如图15,图16)。当然作为共在的体验,它不仅为村民所共同分享,作为外来者也可以通过深度体验,或仅仅通过浮光掠影的视觉体验,感受乡村在不同时空境况中为其居民所感受、识别的形象与情感的关系状态,以及村民的精神内核与审美间的联系程度。

图 14   黄岩半山村黄永古道

图 15   缙云河阳村门檐上的"耕读家风"

图 16　景宁漈头村"名宦世家"砖刻

（2）边界与领域

边界（boundary）是景观内部元素所组成秩序空间与周围环境临接的界面。无论是实体的边界还是心理的边界，均界定了领域。虽然实体的边界与心理的边界两者之间并不总是重合的，并且尽管实体边界并不总是闭合，但从人的心理上看，边界所界定的领域必定是连续封闭的。实际上对于人类景观而言，无论是村落还是村落内部的景观元素均为耗散系统，边界内外无时无刻不在发生着物质、能量、信息交流，没有一个景观系统是能够完全自给自足的封闭系统。在中国传统村落中，民宅建造行为的自发性与多样性使得村落建成环境领域与自然环境领域间的边界界面关系始终处于一种微妙的平衡状态。例如位于杭嘉湖平原的嘉善县北鹤村就保留着典型的传统水乡自然村落格局,在村落核心区的农宅沿水系连续密集分布,但又保持着临水开敞院落,而趋向界面交接边界处则离散随机散布着独立式民宅。在整个村落中除道路与公用设施外,均被保留为农田。村落由于村民营建民宅时占地多寡、离河远近等不同的选择,而呈现一种整体一致性下的有机生长。

领域(domain)不仅是一种实体空间,更是一种社会空间。领域是由空间界定(通常是边界)而产生的概念。空间领域是一种社会化的产物,斯蒂(Stea,1965)[23]根据个体、空间、社会之间的交往深度,把空间分为不同层次的领域范畴。在公认的共同领域内,人们会产生明显的集体感、归属感、安全感等心理感受。而在传统村落中,我们也可以以类似的标准,将领域划分为民宅—院落—巷弄这样的等级秩序空间。个人的领域性随着这个等级秩序而逐渐减弱,相应地公共性也会逐渐加强。个人的领域空间是保有自我并包容他人的心理范围,它的存在平衡了自我与其他共在体验者的关系。因而,等级秩序空间不是简单的叠加,它更多的是不同层次领域在物质空间上的投影。领域决定了空间的格局及部分形式,这在生活与空间的关联耦合上有着更深刻的反映。

(3)异质空间

如果将村落景观内部关系进行抽象剥离,可以概括为"点""线""面"三类景观元素。在村落尺度下,点状景观可以归为节点、景点两大类。节点景观包括重要街巷交接处形成的公共空间以及宗祠、风雨廊、戏台等公共场所,这些节点景观不仅是村民们进行公共活动的场所,也是人与人交互主体经验的场所。而景点景观则是指村落独特的自然和人文景观,它是人与自然、人与环境交互主体经验,传承场所记忆的所在。所谓的线状景观主要包括村落中的道路骨架和水系等线状景观元素。在传统村落中,村民们通常以宗祠家庙、族长家宅为空间核心聚族而居,通过"街巷"向四周有机发散联系着村落中的各家各户,维系着既联系紧密又保持一定距离,独立的人际血缘关系网。对于水乡型村落而言,水系不仅是维系村落生活生产活力的生命线,同时也是奠定村落风貌的基础,是村落肌理的重要构成要素之一。而"面"状景观元素,即区域(area),则是由一种单一形态特征主导而与其他周边区域相区别的连续空间,是空间主导景观元素所占据并控制的一定空间范围。区域表达了空间需求和空间控制的信息,它是研究分析空间中主体与附属空间、附属建筑物和构筑物等关系的概念。由于村落尺度较大,其内部又镶嵌着各类景观元素,在点、线、面各类元素共同作用演化下,形成了村落内部的异质空间特征。

点、线、面元素在村落景观中并非均匀分布,一些景观元素往往与另一些景观元素关系紧密、相伴交织出现,从而形成了特殊的肌理。而在乡村景观研究中最常探讨的村落肌理,则是指民宅建筑单体投影与基地下垫面之间的图底关系[15]。在传统村落中,随机散布的农宅与异质空间之间存在平衡。中国古人很早就认识到有无相生、虚实相生,这在某种意义上是对图底关系的一种更为深刻的认识。传统风水学要求村落藏风聚气,因此在一些山地型村落中村野相互交融、街巷狭长通幽。街巷是决定村落肌理的主要空间,是互补于建筑空间所形成的脉络。例如台州市黄岩区半山村就属于典型丘陵山地下的自然村落,半山村的建筑群落以民宅为主,错落分布于山谷地带之间。村落肌理则随着建筑单体在尺度、方向和间距上的变化组合而呈现不同的肌理形态,在水尾、阳坡以及交通干道处的建筑分布密集,整体村落空间呈现明显的空间异质性。而在水乡型村落中,由于河道是对外联系的主要通道。因此,在水道呈线形的地区,村落形态也随之呈线形(如嘉善县北鹤村);而在河道阻断零乱、水塘较多的地区,村落形态多为团型(如南浔区荻港村)。

(4)原型同化与变异

原型同化现象不仅是传统村落建筑形态演变所遵循的普遍规律,也是社会文化对聚落群体制约影响的具体表现[24]。在传统村落中,由士绅及富裕阶层定义并引导着社会风尚,其所居住的相对成熟并趋于完善的宅院就成了普通村民乐于模仿的住宅"原型"。通常来说,建筑原型一旦确立便能引导聚落建筑形态发展的内容和方向,因此可以将聚落内其他建筑视为不同程度复制的"原型"。

原型同化演变规律赋予了作用于聚落的形态场,地域性特征的形成也与之密切相连。聚落形态的地域性特征是由自然、社会、经济、文化及技术等多方面因素相互影响、相互叠加的产物。由于地理、气候等自然因素的制约,建筑材料与建造技术的有限选择与限制皆造就了聚落空间结构与建筑风貌的特异性。在漫长的历史中,传统村落形成了特征鲜明的地域性特征,而这种地域性特征也正是当代城市与新农村建设所缺乏的。

虽然"原型"必定受到遵循,但变异现象亦处处存在。在同一个村落中,因村民对民宅功能要求的不尽相同以及受个人经济条件、修养喜好影响而对原型加以改造变化在实际中也大有存在。原型变异与原型同化两者既相互作用又互为基础,使得村落在遵循内在整体统一性之下又具备了多样性的可能。这正是整体性原则、有机性原则、多样性原则在乡村聚落整体空间关系最完整真实的体现。

九、作为审美对象的乡村景观

乡村景观演变的根本动力是村民们生产生活方式的演变,乡村景观始终与广大村民的日常活动紧密联系,其中包含着生产、生活、生态三方面内涵。乡村景观通常由以生活为主的村落,以生产农副产品为主的农田和经济林,以及作为生态基底的林地等几部分组成。

乡村景观体现了人类的生产生活方式,在本质上即是人类的生存方式。对乡村景观的审美与人们思想深处所秉持的乡村美学,则是人地关系及所随之伴生观念的具体显现,具有综合性和直观性特点,并且深刻地联系着可持续发展的方向。人的审美观念受到各种力量作用,生物的、社会的,并且随着人的生存环境、经济状况、社会地位、教育水平、民族传统、宗教信仰、艺术修养、人生履历的变化而发生不断演化,最终形成属于每个人自己特有的审美观念。本章节将借助生态美学与景观形态学的一些概念和基本方法,通过对广泛分布于中国 15 个省市的 46 座典型村落(表1,表2)进行调研分析,尝试以现状断面就景观形态学的形式与逻辑结合生态美学进行乡村景观审美的探讨。

1. 景观、乡村景观与生态审美

通常情况下,以少数案例作为研究对象的个案研究,所得出的研究结果并不具有普遍性,但其本身所具有的特殊性也有着自身独特的研究价值,同时也会启迪后继相关研究者。当然在一定程度上,个案研究的特殊性也限制了研究结果进一步推广的可能。若想要个案研究具有更多的普适代表价值,则需要选取具有更多共同属性的代表性案例或称之为类型案例。进一步如果在广度上保证一定的覆盖范围,则由众多个案研究所呈现的整体结果就可以代表研究对象的整体特征[25]。

作为一门发轫于 19 世纪初而现已具备较为完备体系的学科而言,景观形态学已经形成了完备的学科体系,包括自洽的语境。对于景观的理解,综合各景观形态学派的观点,可以认为景观形态学主要是把景观看成是一个有机整体,而有机整体及其各组成部分遵循一定的逻辑原则和发展规律,是一个美学的体系[26]。其所讨论的景观形态则是指景观中的物质实体,人作用于它们的方式,以及它们之间与人的关系。这种景观形态可以是通过二维平面图所反映的实体空间布局形式,也可以是人在场地的时空活动规律,这一点在聚落景观的研究中尤为显著。

在景观形态学中,各个学派所形成的共识与生态美学有很大程度上的契合。生态美学是以审美体验为基础,以人与世界的审美关系为研究中心,审视和探讨处于生态系统中的人与自然、人与环境的交互性主体关系,研究和解决人类生态环境的保护和建设问题的理论。生态美学强调人与世界的整体性,尊重多样性的元素组分及其组合和演化所呈现的有机性。这些看法也与景观形态学的观点有着基本的一致性。那么,该如何去理解景观,特别是在生态美学视阈下的景观。我们认为应至少考虑以下三方面:

(1)景观的外在的形与内在的质所直接呈现的内容。

(2)形中具有普遍意义的价值标准及能维持景观长久稳定的内在特征。

(3)从人对于景观有目的行为及其认知与感受出发。

第一点与景观形态学的核心内涵有着密切的关系,尤其是在形式方面。第二点则与形态逻辑有着本质的契合。第三点更多的则是景观形态学下的情感内涵。

俞孔坚教授在"视觉语境"下对景观概念的概括与生态美学视阈下的景观有一定的相似性,他认为景观作为视觉审美的对象,在空间上是与人的物我分离[27]。景观所指并表达了人与自然的关系，也反映了人的理想和欲望。但作为生活其中的体验的空间，人在空间的定位和对场所的认同，又使景观与人达成物我一体的关系。并且景观作为符号，是人与自然、人与人相互作用与相互关系在大地上的烙印。我们认为景观不仅仅是包括静止的物体，还包括生活其中的生命，这当然也包括人。因而，生态美学视阈下的景观是一个人类生态系统。在聚落景观层面，它不仅包括自然环境，人类营造的聚落环境，也包括生活其中的人，以及人的行为活动、社会结构、经济体系等。而由于景观的内涵正在不断扩大，在本书我们将景观视为由人、物、信息所构成的复合体系。如果仅做聚落层面的探讨，则可以将景观视作人类为满足自身及族群需要并整合自然所形成的系统。

凯文·林奇（Lynch，1984）认为[28]，如果一个环境能够很好地保证种族、个体的健康，维护生物种类的生存，那么它就是一个好的聚落环境。而这样的环境至少需要三种特征才能成为适宜人生存的空间，那就是延续性、安全与和谐。历史上，聚落景观营造的原因主要是为了人类自身能够更好地生活。当环境中有充足的食物、能源和水的供给，没有各种危险存在，空间环境与人的基本生理需求整体相吻合则可以认为是属于适宜人类生存的环境。人们修建房屋，耕种土地，建造村落和城镇，建造庙宇、宫殿、园林、陵墓，兴修水利等诸多的行为改变了自然原貌，形成了人工景观与自然景观的叠加。这些人类为了获取食物、获得栖所、祈求神灵、尊崇祖先、避灾防灾或者是出于享受等目的而创造的景观，都是源于改善自身生活的需要。可以说，景观的本质就是生活，它是特定时期特定人群生活的载体，反映了特定的生活方式，承载了人类不同体验的可能性[7]。人们生活方式的改变将会对聚落景观产生重大的改变，而场所作为具有地方性和直观性的生活环境，是供人类居住及活动的一种特殊景观。当场所处于生态审美中时，它成为一个人与环境的统一体。由此，景观作为一种环境，在一定程度上也可以视为实体化的体验。

人类对景观感受的背后，隐藏着人的思想意识形态，它源于社会存在，先于直观感受，进而决定了人对景观的根本态度。因此，对于景观审美的研究也是景观研究的中心问题之一。美学引导着人对景观的感受与理解。对美的感知是一个综合的体验过程,经过感受、理解和思考这样一些环节,人们做出相应的审美评价与判断。

对乡村景观的美学判断,很大程度上是思考乡村内部元素间相互的关系,将个人目的与自然现象联系起来,获得心理平衡、发现生命意义、体会世界的美。或者更简单地说,就是理解和表达人存在的意义。我们也可以将其理解为一种生态观念,这种观念在人和不同的景观元素之间,起着调节和平衡的作用。人类的情感与自然的美不是孤立的、片段性的,而是统一的美学现象。传统村落之所以能给人以审美体验,并不仅仅在于形式本身,更在于形式内及形式外所蕴含的丰富内涵,即人与世界形成的形象和情感的关系状态,这种关系状态使人超越体验、回归存在。

生活是一种存在,而人不仅是一个"理性的存在",也不能仅是"理性的动物",人需要有自己喜怒哀乐的情感体验与释放。空间对于人行为的发生是必不可少的,在美好而又自然的环境中,被压抑和异化的人性存在释放与回归的可能。传统村落中的人们在与自然的对话过程中,具有发现本真的"我"的机会。自然并非抽象的纯粹形式,它同样也是可以被感知的客观存在。天地之间的万物是生生不息、瞬息万变的,这一现象的本质就是自然的本质,它也蕴含了美的本质。在乡村中,差异与一致,个人感受与普遍意义等等,都反映在具体的形态、肌理、色彩、布局上。村民以沉思与领悟的方式来感受自然,在心灵中创造意象,然后用人类所能够实现的营造方式来建造它。

生态美学认为,审美寓于日常生活之中,它属于每个普通的人。因此,"审美"也可以看作是日常生活的延伸。生活总是与地域性和时代性相伴而具有变化。人的生活离不开空间,空间以人及其行为为基本维度当属情理之中。因为生态美学语境下的景观的审美活动,需要人与世界沟通、对话,互为主体。因生态美学,我们认为景观的功能、价值与感受不可分割。为了功能的目的,感受的经验可以形成一个更强烈的和更意味深长的形式,这种形式正是在相同或者相似的感知和认识的发展下形成的。

2. 生态美学下的乡村景观释义

（1）乡村景观形态学的核心内涵

景观形态学包含的内容十分广泛，涉及很多的因素，但核心内涵可概括为形式、逻辑与情感三块内容[29]。而其中，形式可视为将逻辑与情感的概念转换成景观现实形象的桥梁。

形式是景观形态的主体部分，它通过最直观的外在表现来呈现出景观形态。形式是空间的状态，它不仅是一个静态的形象，而且还是一个动态平衡的结果，并且在景观形态学中，"形式"是指作为一个整体的"形式"。逻辑则是在人认识并掌握客观规律（包括美的规律）之后，能动地改造自然过程中所反映出的经营景观的理念。至于景观的情感要素，它是景观形态的内在表现，从人们对景观赋予的情感来说，即"自然的人化"。人类通过改造世界的实践活动改变了人与自然的关系，使得自然从原来与人对立的，完全异己的力量，变成与人相关的，对人有益的，为人服务的对象[30]。一旦自然开始被人类征服，它就会成为"人的现实的自然界"，人类就能够从自然对象中"直观自身"。只有通过这样的形式，人类才能和自然发生审美的关系，自然才对人类具有审美的意义，成为人的自我确证和自我观照。

聚落空间形态是指在影响聚落形成与发展的多种因素共同作用下所形成的外部表达形式。聚落空间形态可分为内部空间形态、外部空间形态以及组合空间形态三种。乡村聚落的内部空间形态是指巷道、民宅、祠堂等组合形成的聚落自身结构形态，它具有内向型的空间属性，强调内部的肌理特征，主要以单个个体为研究对象。从某种意义上讲，每个乡村的内部空间形态都是独一无二的。乡村外部空间形态是指乡村聚落的各个组成部分有机组成一个整体，形成一个具有适度边界的聚集体，进而形成有一定辨识度的形状。从景观生态学的角度来看，其实质是在以乡野为基质的环境中形成的一个聚落斑块，是一个具有生命的有机体。它通过其内外间的边界，与周围的环境基质之间形成了物质、能量与信息的交换。乡村聚落自身所具有的复杂与不确定性导致其呈现出丰富变化的边界形态。因而，村落的外部空间形态特点在一定程度上可以通过边界形态来表征。乡村聚落的空间组合形态是指不同聚落之间由某种特定的关系或是遵循一定规律构成的集合形态。它与外部空间形态共同组成外向的空间形态特征,是诸多因素在共同作用和相互协调下形成的结果。乡村聚落的空间组合形态反映了较大尺度空间变化的结果,是人地关系在空间关系上的深层次反映,也是反映空间格局肌理的重要载体。通过对不同空间组合形态的研究,可以了解并确定聚落空间发展所处的阶段及外部特征,并为掌握聚落空间形态演化的规律及引导调控提供依据。

(2)乡村的基本形式要素

形式在本质上是一种秩序,通过具体的表现,其所呈现的逻辑性与艺术性,有助于激发人的情感。乡村在很大程度上是自发形成的由村民创造的景观。因而,在乡村景观的形式上可以发现偶然性随意性几乎无处不在。乡村景观长期处于一种原始的初级的自发生长状态。但尽管其形式上比较粗糙,但却千变万化、个性鲜明,充满了蓬勃的生机与活力。

在景观形态学中,"形式"具体表现为以下要素:

①景观路径

路径是景观形式的基本结构要素,属于线性空间。路径通过线性空间组织各个景观元素间的联系,形成特定的形式。路径所承载的功能及其所穿越区域的特征都是影响路径形式的重要因素。在不同的自然环境、气候、文化等因素的影响下,不同乡村聚落的路径形式也不尽相同,或因地势平坦而形成较为规整、平直的路径,或因地处山区而形成蜿蜒曲折的路径。与此同时,这样的路径在组织村落格局中也起着十分重要的作用,它不仅形成了村落格局的骨架,而且在一些景观节点上路径还扩展形成块状公共交流区域。由此可以看出,路径对于维持整个村落的格局以及在村庄共在体验交流中起着重要作用。街巷格局是村落中最稳定的形式,千百年来,建筑或损毁或重建,但通常村落仍延续着原有的巷弄格局。

②景观边界

边界是一种过渡的空间,是景观中两个空间或两个区域的线性分隔界面。边界所分隔的两个空间(或称之为领域)在组成与功能上具有不同的特征,而同一领域内部通常会表现出连续性和一致性的特征。除了一些带有防御功能(如北方的堡,见图17,南方客家人及少数民族的村寨,见图18)以及一些由于天然屏障限制(如大体量水体,分水岭等)的乡村

图 17　介休张壁村空间结构图示

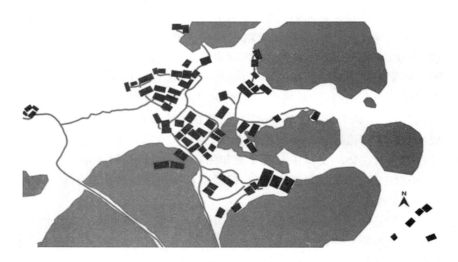

图 18　务川龙潭村空间结构图示

聚落之外,通常乡村聚落不似城市那样有着清晰完整的边界。村落的形成往往始于几户民宅,由一个个零散的建筑单体再到相互组合形成建筑群体,不断地生成、组合,最终发展成一个功能完备、布局完整的村落。村落的形状和边界通常都较为自然,是因循地形地貌、植被或其他自然物间断围合而成。边界分为实体边界和心理边界两类,强调防御保护功能多采用实体边界,而为了表明一种领域多采用只是界定空间的心理边界。

③景观区域

一个景观区域是指具有统一的形态特征并且区别于周边区域的连续空间。区域表达了空间需求和空间控制的信息,是分析空间中主体与附属空间关系的重要概念[31]。区域概念通常与边界概念相联系。在山区中,由于适建土地是有限的,通常会随着山形水流及与之相联系的道路来组织乡村聚落格局并围合限定区域。因而此类乡村聚落在整体布局上比较紧凑,呈现混合式布局。而在平原地区,村落整体布局呈现棋盘式,并且产生了一些特征较突出区域,特别是当地一些权势家族会构成具有其家族特征的区域。

④景观领域

不同的尺度下,边界分隔形成不同的景观领域。景观领域不仅是一种实体空间,也是一种社会空间。就村落尺度而言,传统村落形成了一种以家为中心,由家(院落)到村(村落)到农田再到山野的近似同心圆分布的圈层领域结构。这种圈层结构反映出私密性逐渐减弱而公共性逐渐加强的空间序列,同时也反映了村民们以家为心理空间原点的空间认知模式。

⑤景观肌理

景观肌理是指在特定尺度下,景观内各种元素在空间上形成的组合方式。在村落尺度下可以反映出景观内部各元素间及元素与区域间的相互关系,也可理解为景观区域内部各元素的尺度。北方平原地区的村落,易形成尺度较大的景观肌理;南方山区的村落土地平坦,适建土地有限,村落肌理细密,尺度相对较小;平原水乡村落则形成了村落与水系相互交织的特有景观肌理。当然,景观肌理不仅与经济水平、技术水平有着密切关系,它与文化因素也有着紧密联系。经济技术水平高,文化上又以大为美,就会形成大尺度大格局的村落肌理;反之则易形成细密紧凑的村落肌理。

⑥景观节点

节点是景观空间中作为过渡与聚焦的组成部分,它对于各个空间之间的衔接与整合,以及空间形象的识别都起着重要作用。节点空间通常位于标志性景观所在的大尺度空间或建筑与景观之间的过渡小空间。对于村落而言,其景观节点通常是一些宗族祠堂或是公共活动区,如戏楼、井台区(或洗衣区,汲水区)、歇脚亭廊桥等(图19,图20)。这样一些空间所构成的纪念性场所或者公共生活交流平台给予村民情感和精神慰藉。

图19 作为公共交流平台的湖北咸宁刘家桥村的刘家桥

⑦景观中心

景观中心是指在景观内部所形成的一系列节点中起主导作用并给予整个景观以内聚力与秩序感的空间部分。在村落中,常以宗祠家庙为中心,民宅富有韵律地围绕周边,平行分布街巷两侧,或零星散布于乡野之中,与水系、田地、乡野交织错杂,形成村落独有的一种秩序感。同时,这

图 20　作为公共交流平台的缙云岩下村的无名石桥

种秩序感不仅反映在有形象的聚落空间上,也投射在生活于当地的人的心理与行为之中。聚族而居是村落形成的社会基础,而宗祠家庙既是村落的景观中心,也是乡土社会的中心,以此为基础形成村落物质层面与精神层面的总格局。

(3)形态逻辑的基本内涵

就聚落学而言,一般认为人类在塑造聚落时自觉或自发地遵守 5 条原则[32],这 5 条原则分别为:

潜在联系最大化原则;

最小力量消耗原则;

人类保护空间优化原则;

人与环境关系质量优化原则;

以上原则综合最优化原则。

潜在联系最大化原则是最大化人与自然元素(例如水和树木),人与人,以及人与人工建(构)筑物(如建筑物和道路)之间的潜在联系。由于人类的发展需要依赖资源,而与自然资源以及与他人的联系则为这种发展创造了可能。这是关于在人类个体自由度的操作层面的定义。由于这条原则的存在，即使给予人最好的环境，人们也总认为自己被无形的枷锁所囚禁。

最小力量消耗原则是指尽量减少为实现人类的实际和潜力联系所消耗的力量。人类在给建筑物、构筑物设定形状时，或者在路线方向上，往往选择以最小力量消耗原则，这些选择意味物质消耗的最小化。遵循这种原则不仅是最为经济的生活方式，也是确保人类聚落可持续的基础之一。

人类保护空间优化原则是优化人的保护空间，它意味着选择一个与其他人、动物，或物体的合适距离。如此一来既可以保留与其联系（第一原则），同时也没有任何感官上的或者心理上的不适。这一原则对于任意特定时空来说都是成立的，无论这个人是单独个体还是群体的一部分都是如此。这个原则导致了安全距离概念的产生，也由此产生了实体边界或者心理边界的景观要素。

人与环境关系质量优化原则是基于优化人与环境的关系，这里的环境包括了自然、社会、各种界面（由各类建筑物构成）和网络（从路网到通信网络）。此外，人与环境关系质量优化原则影响着聚落秩序的产生，并在人的生理和审美层面起到了重大影响。

最后一条原则称为以上原则综合最优化原则，是指人类组织自己的距离，试图达到其他四条原则的综合最优化。这个原则所呈现的最终效果取决于时间、空间，也取决于实际情况，以及人类综合组织的能力。

以上五条原则，既是探讨聚落景观形态的逻辑起点，也是聚落形成发展动力的运行法则。而对于景观形态学的形态逻辑而言，这五条原则更侧重于一种景观的经营思想，一种用于组织景观的语言和思想。在景观形态学框架下，乡村景观形态逻辑大致分为以下几个方面：

（1）文化内核

文化内核是指导景观创造或维护的导向性思想根源。中国人的传统观念深受儒、道、佛三家思想的影响，特别是儒家宗族文化的影响。在这种深刻影响之下，中国人一直就有一种"敬天"的思想，村民们大体上对自然持一种较为尊重的态度。因而会采用较为自然的村落经营方式，以追求道法自然，达到"天人合一"的理想状态。当然从另一方面说，也是受到当时技术生产力的局限，对于村民个体而言，尤其受财力、物力、人力的限制，不可能对自然环境施行较大规模的改造。他们所能做的，仅仅是在有限的条件下进行尽可能合理的选择。因此，所谓的"敬天"思想其实主要还是停留在自发地尊重自然的层面，尚未达到"生态美学"影响下的自觉层面。但是无论如何，今天的我们还是可以从中国传统村落中收获某种教益。例如皖南、浙中南以及福建一些地区的村落多是依山傍水或者散落于山坡谷地，人们善于依据地形地貌，随高就低、腾挪变化地构建屋舍，从而使村落与自然环境融为一体。在建筑材料的选取上，民居建筑惯常使用当地出产的土、石、木等材料。既能取材方便，又可降低成本。而这些材料在色彩和质感上也易于与周边自然环境取得协调统一的关系，形成独具地方乡土特色的民居建筑。从另一个侧面，这也反映了文化对于村落形态的导向性作用。对于乡村景观而言，其形态是气候条件和技术水平的直接反映，也是村民所怀有的共同价值观、生活目标以及等级秩序的体现。这就是不同地域所承载文化导向的不同与相应功能侧重的不同所形成的自然结果，从深层次上看则是文化内核的差异。于是各地各有侧重，"军事文化""传统宗族文化""天人合一文化""自然崇拜"等各种文化类型的村落就此——产生了。

（2）生活与空间耦合

生态审美主要通过体验来完成，它既包括了价值体验与审美体验，也代表了生态美学的美的层面。而生活环境与生活方式涵盖了人与其内外生态环境的双重审美关系。列斐伏尔（Lefebvre，2004）[33]说，日常生活就是人身体、宇宙时空、文化、社会的节奏的交错。乡村景观中所发生的"日常生活"就是人们协调自然、社会而进行的生活，这种日常生活与时空相耦合（图21，图22，图23）。罗西（2006）[34]认为，生活是永恒的，用来解决生活问题的建筑内在本质也应该是永恒的。形式的外显性就是景观的表层结构，而形式的内涵性则成为景观的深层结构。从遗存的传统村落中，可以抽提出其外显的形式。即使这是一种简化还原的产物，但也能从中探寻出具有浓厚生态美学意味的或自发，或自觉的生活审美。传统村落内部的景观所呈现的有机性与多样性引人侧目，虽然这种景观看似粗

图 21　缙云县岩下村洗衣场景

糙,但却也是最真实、最本质、最生动、最丰富,能够直接反映人们丰富多彩的生活。这样的乡村聚落是承载人们生活的物质空间环境。聚落与人的生活融为一体,从而触发人的审美情感,让人明白应当如此生活。至于生活习俗和地理环境所造就的聚落空间的差异性,不仅表现在有形的建筑上,也体现在居住者的行为活动之中。

不少传统村落景观,乍看之下并无突出起眼之处,但细细体会就能感受到它的别样风采、无穷韵味以及深刻哲理。这些景观体现了在历史长河的长期磨合中所形成的精神与物质,空间与生活的统一。其中尤为突出的是村庄与水的共生和谐关系,无论是宏村的水圳,张壁村的地下河,深澳村的引水暗渠,泉畈村的桔槔灌溉,还是堰头村的通济堰,这些水利工程都反映了人既尊重自然,又能动地利用自然的生活态度和理念。乡村自然式演进的主导因素在于人,聚落环境与聚落生活在经历千百年的相协调后,得到了有机融合,呈现出自然不规则的有机形态特征,这是一种人类智慧的体现。而当今社会发展迅猛急速转变,原有的空间无法再

图 22　南浔荻港村闲聊场景

图 23　余杭茅塘村生产场景

有效地满足人们的生活需求,这时就需要人们重新思考功能与形式之间的关系。

传统村落中常常有一些用于开展宗族仪式活动的空间,如景宁畲族自治县东弄村蓝氏宗祠(历史上景宁蓝氏祖先最早迁入地之一)(图24),桐庐县深澳村申屠氏宗祠,缙云县岩下村朱氏宗祠(图25)。这些空间具有极强的号召力与凝聚力来汇聚人心。而村落中用于开展贸易活动和休闲服务活动的空间,如黄岩半山村的社区卫生服务站前的集贸市场,嘉善县北鹤村居家养老服务照料中心等则因为极强的社会服务功能,具有很强的吸引力汇聚村民开展相关活动。这些都有着鲜明的公共空间属性,也具有很强的场所凝聚力。至于社会交往空间虽然在乡村日常生活中发生频率极高,但由于其对场地的要求不高,无论是自家院落还是节点公共空间内都可以随时从容发生,因此村落社会交往空间不存在较强的凝聚力。

图24 景宁畲族自治县东弄村蓝氏宗祠

(3)场对聚落形态的影响

我们所处的世界是由各种力量相互作用综合产生的力场而生成。物

图 25　缙云县岩下村朱氏宗祠

质环境形态在单一文化背景中可以在一定程度上预判,这主要是因为单一文化往往有着稳定的社会组织结构和价值标准,会对物质形态产生定式。但实际上,作用于乡村景观的因素种类多,且各种因素之间又有着复杂的相互关系,从而难以通过类似标准模型的方法来推断出特定时空乡村景观的风貌特征及其未来发展的种种可能。每一种文化对聚落形态都有着自己的标准,它们都是独立而唯一的。文明在本质上的有所偏好,会推动村落朝向某一特定方向发展。但这些偏好仅仅存在于塑造文明大框架的合力之中,无法具体传递到某个特定村落。每一个村落的形态与价值都是由种种交织在一起的力量在特定的时空背景下形成的。传统村落的形态是一种必然,但它的具体形式则不然。乡村聚落的形成与发展是各种因素综合作用下的结果,这种作用不是因素之间的简单叠加,而是各种因素在冲突与协调中形成的一种整体性的新形态。村落的结构具有典型的耗散结构特征,在其与外界进行物质、能量、信息的交换过程中产生了自组织性。自组织演化规律保证了村落具有维系自身均衡有序稳定状态的系统机制,同时也推动着村落在综合力场作用下其形态继续发生演化。

世间的事物都在属于自己的时空范围内处于不断地变化过程中,或者是微变化,又或者由量变积累为质变而成为新事物。村落受种种可能的影响,逐渐成了当下的形态。乡村的自然式演进其主导因素在于人,在于生活其中的村民。自组织演化规律作用下的中国传统村落,在自然式演进中形成了朴素的审美观和融于自然的建设理念。在经历了千百年的聚落环境与聚落生活的相互协调后,聚落形态与聚落生活得以有机融合,呈现出不规则的有机形态特征,这是一种自然智慧与人类智慧结合下的美好体现。

乡村聚落作为没有规划师、建筑师而由乡民自发或自觉构建的景观,对其研究最可靠的方法是把它作为时空断面来做分析。通过这种分析来揭示它和人们生活的内在联系并探究其如何激发人们的审美情趣。这与现代审美将事物放置于整体环境中加以考察研究的观点相一致。

3. 乡村景观的生态审美内涵

一个具有深刻“生态审美”意味的村落才可能持续成长,并为人们所感受和融入人们的记忆之中,才能成为历久弥新的村落和有价值的景观形态存在。服从生态原理创造或经营之下的乡村景观,从各个方面而言都是符合生态美学建构的。人类为了适应生态系统中各种环境的力量,发展并塑造出了与自然生态相依赖,共生、共存的人文地景,成为融合人类文明与大地演替的一种生态艺术——生态审美。我们尝试将生态审美视阈下的乡村景观的特性归纳为以下几点:

(1)生命力。一个聚落环境只有保证其个体和生物群体的生存,这个聚落环境才能成为有发展潜力的健康的生存环境。在乡村景观中,整体的景观结构组成是相对稳定且富有弹性的(可成长性),能够持续较长时间跨度(可持续性)。而决定乡村聚落生命力的核心则在于村落的文化内核及生活与空间的耦合。一个好的聚落绝不应该是“其兴也勃焉其亡也忽焉”,而应是具有从容不迫的生命张力,能够有效应对各种不利因素而在较长的时间跨度内持续生存乃至发展。安徽黟县西递村建村始于北宋皇祐年间,浙江象山东门渔村历史可溯源至唐初,福建寿宁西浦村建村则可上溯至唐末,而山西灵石冷泉村更可将村落历史上溯至秦代,这些古村落虽历时千年,却至今依然充满蓬勃的生命力。

(2)可识别性。简单地说,乡村景观的可识别性正是其所呈现的"地方特色",而地方特色就是"一个地方的场所感"。地方特色能够使人区别地方与地方的差异,对于当地居民来说则是能唤起附加于人和物上的意义与记忆。当一个聚落景观能够形成独特的或者更确切地说形成自己独有的"场所感"的时候,也就具备了我们所说的可识别性。决定一个村落可识别性的是乡村景观所具有的景观区域、景观纹理与景观节点。山西、河北的堡城,贵州的苗寨、仡佬寨,华北平原上的四合院村落,江南地区的风水村,福建的客家土楼聚落,以上这些传统村落无论是在村落格局还是在建筑形式上,都具有独特的可识别性。

地域背景下的各地传统村落因其社会特点、文化氛围以及风土条件上的差异,使其呈现出不同的景观风貌,富有鲜明的特点。而传统农耕社会由于信息、交通的不畅使得与外界交流阻隔,村落形成的地方特色得以保存、延续,并得以进一步发展。

(3)可达性。一个乡村聚落与外部联系的紧密程度,从某种意义上可以反映其内部的经济发展情况,可达性在这个层面上起到了十分重要的作用。与此同时,便捷的交通也是一种对环境适应性的具体体现。也因此,很多村落都坐落在交通要道或者水路要冲地带,地理区位的优势与可达性,能够使村庄与外界进行充分的物资、信息交流,以维持村落的运行与发展。在历史上,很多村落的兴衰也与交通运输方式转变有着密切关联。例如山西省灵石县冷泉村扼秦晋古驿道交通要冲,始建于秦代,兴盛于隋唐。由于明代秦晋古驿道的废弃,村落开始衰败,不再有往昔的兴盛繁荣,而今老村破败几乎无人居住。而湖州市南浔区荻港村则随着水陆交通方式的兴替,其村庄发展的景观中心与空间结构也随之发生了深刻的变化。

(4)包容性。在一定的地域尺度下,能够实现同类型或者不同类型的村落共存,它体现了一个村落的包容性。包容性是由村落的文化内核所决定的,它体现了生态美学所强调的人类生态系统的有机性与多样性。汉民族总体上来说是一个文化包容性较强的民族,能够以极强的包容性与不同文化内核的村落所共生,并能吸收不同文化的有益方面。在本课题的调研中,包括了对 3 座客家聚落的调研。客家人作为汉民族中一支不断迁徙的民系,一方面既保留了中原传统文化的特征,而另一方面又不断汲取移居所在地的文化内容。从本次课题调研情况来看,无论是地处客家历史聚居地的福建南靖县,还是位于客家文化边缘区的浙西南松阳县,由土木结构营垒式住宅聚族而居形成的客家村落深刻反映了客家人重视宗族礼法的人文特点。如果说福建土楼是典型的客家建筑的话,那么松阳石仓的"九厅十八井"民居则是汲取了浙派、闽派、徽派等建筑精华的客家建筑。这些建筑与当地的自然环境、风土人情有机结合,成为保存本土文化和移民文化的载体,最终形成多元建筑艺术的集合体。而客家人的"多神崇拜"则在另一个侧面体现了客家文化的包容性。当然在不同时期,不同村落的包容性并不一致。在人口稀少物资充裕的时期,各村落总体以包容为主,而当人口众多发展空间有限时,村落通常偏向保守封闭,较为排外。

(5)一致性。同一个聚落内的人,通常有着相似一致的价值观。因此,每个聚落都形成了自身的风俗习惯。一个良好的聚落能够为居民(包括现在的和未来的)提供"可靠""负责任"与"和谐"的体验,同时也意味着聚落能够对空间进行有效的管理与把控。一致性是文化内核长期积累与作用的结果,它反映在社会的各个方面:行诸内,有道德观念、行为准则、审美意识等;行诸外,有生活习俗,艺术形式,建筑风貌、服饰器皿等等。地域社会造就了乡土文化,反过来这种文化又作用于村落,形成了地域社会的个性并规定了地域社会共同遵循的秩序。这在一些宗族势力强大的村落以及少数民族村落都有着充分的反映。人类社会的延续都依赖于对生存空间良好的控制。在本次调研中,无论是以单姓氏主导的村落还是多姓氏杂处的村落都有着非常一致的价值观。这在建筑风貌、生活习俗上都可以得到充分的印证,而在传统村落的格局上体现得也尤为突出。在中国的传统村落中,特别是汉族传统村落,都强调宗族血脉。整个村落布局通常以宗祠为中心,再按长幼尊卑、风水格局依次展开,这在众多传统村落中都具有较为相似的一致性。

(6)协调性。一个具有生态审美内涵的乡村聚落所需的维护管理成本既是相对经济的,同时对于资源的利用也是少而有效。具有生态审美内涵就意味着这个村落能与周围的自然环境协调共处,这不仅是一个乡村聚落朝着良性方向发展的有力保证,也是这个乡村聚落是否具有生存活力的重要标志。这里的自然环境指的是乡村聚落所处地域的气候条件、植被分布、海拔和水文等情况。人在改造自然的同时也要学会如何去适应自然环境,了解其特性,寻找并顺应最佳的生存方式,以求达到可持续发展的目的。而这一切的出发点主要是由文化内涵以及生活与空间耦合所决定的,也体现了生态美学所强调的人类生态系统的一致性。

传统的乡村聚落是历史的产物,它必须与社会相协调发展。当出现了新的社会结构与生活方式之后,必然要求有与之相适应的空间格局。而作为文化历史遗产的传统乡村聚落,也面临着改造和再生,只有如此,才能使之承载与包容现代生活。传统村落的衰败有多方面的原因,例如自然环境的恶化、交通地位的转换、生产方式的演变以及生活方式的变迁等种种原因,这些原因造成了村落形态与其承载功能的不匹配。

本章节借助生态美学与景观形态学的一些概念和基本方法,对典型乡村聚落进行了分析,继而通过考察人的生活环境来揭示人与外在自然的审美关系,通过剖析村落景观构建的形式与逻辑,探寻乡村聚落审美形态的核心要素与基本内涵。而以传统乡村聚落为研究对象的生态审美体系则需要从生命力、可识别性、可达性、包容性、一致性与协调性等诸多方面进行综合的审视。

总体来说,村民所营建的传统村落在很大程度上是处于前生态审美指引下的景观,虽然它质朴甚至可以说是粗糙,但它贴近原始自然的状态却能使人深刻体悟人与环境相互紧密联系的根本存在,从而给予事物还原其本真的关照。因而对于人类通往“生态审美”阶段,深刻理解生态审美内涵有着巨大助益。传统村落所体现的人对自然的依赖、崇敬,以及人与自身、人与他者、人与社会、人与自然的整体综合性思考,以超越性的关系表达着人与环境的关系,最终使得互为主体的人与环境的主体间性相互之间得以构成审美关系。

第三章　新视角下的乡村可持续发展

发展作为人类社会永恒的主题,它寄托着人类社会的生存与希望,发展权也是一项不可剥夺的最基本人权。唯有发展,才能保障人的基本权利,使人获得尊严;也唯有发展,才能推动人类社会的进步。拥有平等的发展机会,共享发展所取得的成果,能够使每个人得到全面的发展。实现充分的发展权,这是人类社会的理想与追求。如果没有了物质资料的生产和供给,也就等于缺失了物质基础,人类其他一切权利的实现都是极其困难甚至是寸步不前的。发展既是为人实现其基本权利提供了保障,也是人实现自身潜能的一个过程。人类需要可持续发展。同样的,乡村也需要可持续发展。有人说发展权就是污染权和破坏权,这种狭隘的认识只片面着眼于自身经济利益的最大化,而放弃了我们与环境、与景观的共生相处的可能,也断绝了未来可持续发展的可能。人类社会想要获得可持续发展,首先需要有正确的价值观。生态美学理论与乡村历史地景研究方法将赋予我们与景观、与环境的互动,交互主体经验,领悟爱与分享,这一切将带给我们新的可能。

一、基于生态美学的乡村再认知

"可持续发展"这一概念是 1987 年世界环境与发展委员会在《我们共同的未来》报告中首次向全世界提出的,它是作为应对环境与发展中存在的问题而提出的一个概念。自"可持续发展"概念出现以来,一直就成了国内外的理论焦点与实践热点。从 1992 年联合国环境与发展大会上通过《二十一世纪议程》到 2015 年联合国可持续发展峰会上正式通过《2030

年可持续发展议程》，一系列纲领性文件的发布以及相关研究论文的不断涌现，都能从一个侧面反映其所受到的关注度。可持续发展理论研究主要集中在支撑可持续发展概念的经济、社会与环境三大领域，它包括对相关概念的梳理，表征可持续性指标的提出及关于可持续发展的研究方法讨论[1-4]。而对于中国这样一个人口众多、人均资源也相对缺乏的发展中大国来说，更有着实现可持续发展的紧迫性与重大意义，而且可持续发展也是适应生态文明的唯一发展道路。然而在当今，针对面积广大，人口众多，情况复杂的乡村所开展的可持续发展相关研究还相对较少，并且其关注点主要是一些基于资源配置与利用的经济与技术层面的讨论[5-7]。如能从生态美学角度探讨乡村的可持续发展问题，或能给予该领域一些新的启迪。

生态美学是以审美体验为基础，以人与世界的审美关系为中心，审视和探讨处于生态系统中的人与自然、人与环境的交互性主体关系的理论。乡村作为人类适应自然、利用自然以及改造自然的产物，是人与自然相互作用，交织而成的复合体，而生态美学则是人与自然相互对话的媒介。生活环境与生活方式涵盖了人与其内外生态环境的双重审美关系，并以生态文化的形式具体表现出来[8]。审美的背后蕴藏着知识、价值和信仰，这些属于文化内核的因素共同影响了乡村的生活环境与生活方式，而这也关系着对于乡村的价值理解以及影响其未来的发展之路。

在生态文明理论指引下，重新审视乡村价值，对于可持续发展道路的确立，对生态文明的最终实现以及文明的"转向"有着极为重要的意义。在生态美学语境下，价值并不意指经济价值，而是指伦理价值与审美价值。对于价值的理解影响着人与环境的关系。近三十年来，我国许多地区都进行了以开发为主的城镇化建设。正面的意义在于，这种城镇化使得中国的城镇资源要素得以迅速集中，城镇化步伐飞速迈进。但是也存在负面的一面，成果的取得不少是建立在急功近利破坏性开发的基础上的，以大量耕地资源被侵占，农业地位被弱化，农村环境遭受污染，农民不断被边缘化，乡村秩序受到扰乱，传统文化遭受冲击等为代价。而在生态文明的概念框架下，乡村的发展不再是单纯追求类似 GDP 增长这样的经济指标，而是形成有别于城市的属于自己的和谐化可持续发展，强调经济发展,社会发展与生态环境的协调,展示其有别于城市的农业价值、生态价值、家园价值、审美价值[9],这与生态美学有着紧密的联系。

当前,中国正处于新型城镇化的快速进程之中,这使得乡村景观与乡村文化仍然承受着因原有体系无法匹配适应快速变化所造成冲击带来的阵痛。如果说乡村景观是乡村价值的外在展示,那么,乡村文化则是乡村价值的内在根本。文化能够提供给人们感知环境,理解世界的种种可能性[10]。这也是乡村保持其独特魅力、持续发展的核心所在。而乡村作为地域历史与文化的承载体,它不仅凝聚着丰厚的地域人文精神,也是人类场所记忆的集中体现。在人类漫长的历史进程中,人们通过农业实践解决了生存问题和食物问题,同时也通过农业对自然的改造和利用,加深了我们对于环境的认识。人们深入理解了自己所赖以生存的环境,进而确定了自己在天地之间的位置。为了保证农业生产的连续性,人们形成了与之相适应的文化以及受文化内核影响的乡村生活方式,而其中也包括审美认知。中国传统村落深受"天人合一""道法自然"等思想的影响,强调理解、尊重事物本身的内在秩序。人们在创造符合人类功能审美要求的外在空间秩序时,同样也注重情与境的营造与化生,无论是在村落的总体布局上还是建筑单体的要素上都要"因任自然"。空间是人们行为发生的必要条件,在传统村落环境中,人在与自然的对话中发现天地之"大我",继而理解并欣赏到天地之"大美",从而使得人类生活与自然生态形成了相协调一致的关系,也使得个体欲望与社会伦理达到了和谐统一。因而,透过这样一些传统村落传递出的价值,需要我们在生态美学的指引下去重新审视乡村,继而再认识乡村。

乡村的发展必须始终坚持与生态环境相适应,保持地域特征,并不断满足村民日益增长的物质文明生活的要求。要消除人地危机,协调人与环境间的关系,乡村发展必须是可持续并控制在生态系统可承受范围之内的,通过人为措施保持各要素之间相互协调平衡,形成以顺应自然为主的发展方式。乡村的发展必须融入乡村景观的有机更新,只有这样才能不断地契合时代发展的背景,并使乡村获得持续发展的空间和物质基础,从而使社会、经济、文化呈现动态的旺盛生命力。对于乡村的可持续发展而言,乡村景观的保护也是题中之意,对其保护必须充分体现"尊重自然生态，人与自然共生"的生态美学思维。

　　基于生态美学视角下的乡村保护与发展，具体需注意以下几方面。首先，要坚持与自然和谐共生的发展观。在乡村发展建设中要注重人与环境之间的平等视角，以确保乡村中的"自然"本底与"文化"内核能够得到延续。其次，要因材施法。对于乡村中不同类型景观的保护，要充分考虑到其所具有的不同自然、人文的元素内涵，关注其在生态美学上的价值，以选择合适的路径确保其有效传承，并保持其独特的地域特征。第三，整体保护，强调活化。基于生态美学的观点，乡村内部的事物以及乡村本身都处于一个复杂而紧密的生态关系网之中，无论是保护还是开发，都需要以整体思维去看待并理解看似孤立的事物。在乡村保护与发展的过程中，必须坚持活化，强调有机更新。要利用包括旅游在内的各种手段开展传统村落保护传承与开发建设，激发村落的生命力。需注意的是，要加强方向上的引导以及对环境承载力的考量。

二、乡村的意义和价值

　　在对乡村的理解中，需要考察以下的词语，"意义"和"价值"。这是决策者、管理者、规划师以及设计师都应予以重视并面对的问题——给予谁的意义和对于谁的价值。这些问题其实也涉及阐释，评价的标准和权力问题，并且在乡村的保护管理、发展决策，以及规划设计中都起到关键作用。

　　乡村被人们以不同方式评估，人们也将不同的意义赋予它们。在此，笔者提出根据不同的判断分析意义和价值概念，在阐释性判断中获得赋予景观的意义，在评估性判断中理解该如何评价景观价值。

　　从生态美学的角度看，乡村历史地景中的所有景观单元在审美上具有同等的重要性。对乡村地景的欣赏，不止于它们本身所具有的色彩、形体、尺度带给我们的主观感受，而是要将它们作为生活中事物的一种表现。它渗透在人类记忆和经验中，是对许多风景和情感的综合联想。对于表现了生态审美价值的对象而言，人类以这种方式来理解，并不是个体的特殊体验，而是一种广泛而深刻的联系，它存在于共同生活在同一时空下的每一位成员身上。

乡村历史地景涉及生态与文化因素。单纯孤立的景观单元并不具有乡村历史地景的整体性价值，只有当它们处于整体的地景之中，在彼此相互联系时才能构成一种整体的乡村环境，而此时它们才具有了真正的价值。

乡村历史地景视角赋予人类环境中的每一个景观单元以社会意义，也间接地印证了人与事物之间所存在的生态审美关系。而乡村历史地景视角下的事物之间普遍存在的联系，则促成了乡村环境中的景观单元共同构成乡村历史地景，同时促成了整体的乡村历史地景成为我们审美的重心，而不是强调某一个特殊的对象。

融合生态美学和乡村历史地景的价值观与研究方法之后，乡村环境的营造过程中加强景观单元之间的相互联系成为应有之义，同时也将促进乡村环境的生态审美。

乡村地景审美价值的评判在于恰当评价其与所处的环境是否合适。一个事物是否应当如此，不仅意味着这个事物对我们而言看起来如何，也依赖于我们对它了解些什么，即不仅在于我们关注事物的外观，还依赖于我们对事物真实特性的理解。那些把世界仅仅作为一种可供开发资源的人，是不会把世界中的事物，包括景观在内的事物，当成与我们平等相待的主体对象。这类人拥有的是一种狭隘的消费目光，世界在他们眼中只有有用之物和无用之物的区别。

无可否认，乡村地景具有巨大的审美价值，但这种景观的审美价值还取决于它们的生产性与可持续性。当我们在对地景中的事物进行审美体验时发现，它们不只是单纯的几何形体或者生命体，还浸染了我们的记忆与体验。这些事物在更广阔的层面上反映了人类的情感、态度与价值取向。这些被反映出的属性并不仅仅是审美体验者个体所具有的独特感受，而是普遍发生于经历这个时空环境的人群之中。从根本上讲，这种感受来源于人类对于一个具有表现力的事物其真实性质和功能层面的感知。本质上，地景中的事物所表现出的价值，就是那些能够反映形成对象性质和功能的要素以及动力之本质的事物。

由上面分析可知,对于乡村历史地景的审美不能单纯地从形式上去考虑,而应更多地从其功能性上考虑。功能性景观在不同程度上被赋予为实现人类目标的设计功能。对于乡村地景而言,主要取决于景观元素及其相互组合形成的景观单元所具有的生产性与可持续性。事实上,乡村历史地景中的景观单元在很大程度上是为了实现某一特定目标而创造的景观。

三、乡村价值的基本分析

在中国传统的农耕社会中,城市和乡村是相对各自独立,但又有一定联系的两个区域。两者在景观、经济、文化、社会上均有着主体地位,发挥着各自作用,保持相对独立。但另一方面,尽管城市和乡村存在着较大的差异,但在人员物资信息上,两者之间又有交流互通、相互依赖、共生共存的关系。正如费孝通先生所言:乡村和都市本是相关的一体[11]。然而自民国以后,随着城市中心主义的兴起,特别是在新中国成立后,我国实行了农业为工业化和现代化提供积累,乡村为城镇发展提供服务的政策,就逐步形成了城市主导乡村,城乡不平等的关系。在改革开放以后,虽然确立了以市场经济为核心、以破除城乡二元结构为主要内容、强调城乡统筹发展的农村经济改革。但直至今日,城乡二元格局始终未能真正破除,乡村在经济、社会、文化上均依附于城市,处于弱势的一方。一直以来,这种城市本位的政策导向在深层意义上隐含着一种城市比乡村更重要、更优越的价值逻辑,而由这种价值逻辑进一步形成的价值观和文化观对乡村构成的伤害远比单纯经济上的差距更有破坏力,进一步从根本上粉碎了乡村振兴的希望。随着城乡生活条件差距的不断拉大,乡村在经济,文化,影响力上不断地被边缘化,最终导致了乡村的衰退与乡村文化的消逝。由于我们的目光久久停留在城市建设上,乡村成为长期被遗忘的角落。当前,在乡村振兴的政策导向下,从农村走出去的乡贤和关心乡建的城市人开始了一系列新乡村振兴计划的尝试,这相较于以往有了极大的进步。但是,由于受惯性思维的影响,不少人还是习惯以城市的目光去审视乡村,未能重新建立起乡村的主体地位。这些地方还未能从根本上改变乡村的面貌,促使乡村活力的提升。

从主体间性来看,乡村发展应以乡村视角为主导,以乡村利益为重。同一个问题,从不同的视角和立场会得出不同的结论。同样出于振兴乡村为目的的发展旅游业,城市视角会以迎合城市市民的需求为第一宗旨,类似于乌镇旅游开发的形式,把原住民完全清空,搞封闭式旅游。虽然这样的开发形式也取得了巨大的经济效益,但对于古镇来说,当它的原住民完全搬离的时候,它就已经死去了,留下的只是仅有外壳的标本。而当以乡村和村民为第一考量去发展旅游业时,则是注重乡村传统文化的传承,强调村民生活的舒适性与真实性。这与优先考虑经济利益,游客利益的第一类方法,有着完全不同的出发点和方式。但现实中,忽视乡村历史和文化、忽视乡村价值的发展方式屡见不鲜。

城市中心主义让处于从属地位的乡村不断进行价值的自我否定,而乡村和土地与自然生态系统的共生关系也遭到不断弱化。这导致村民无法正确认识乡村价值,进而无法认同乡村文化,对乡村不断产生了疏离感,最终,乡村劳力流失,农田荒芜,产业凋敝,传统秩序式微,老弱妇幼留守。长此以往,乡村必然将走向衰落。

从上述分析可知,由于对乡村的理解偏差,最终造成了乡村价值虚无化、乡村景观道具化、农业发展单一同质化等种种乡村问题的产生。实际上,乡村有着自身独立的价值,它的存在对于国家而言具有重要意义。乡村与城市一起,都为文明的保存与延续起着至关重要的作用。对于当下中国的乡村、城市两者而言,若双方都能发挥各自优势,相互补益,将会为中华文明未来发展做出更大的贡献。在前面篇章中,我们已经重点阐述了乡村的审美价值,接下来我们还将对乡村的农业价值、文化价值、社会价值、生态价值、家园价值做简要的分析与阐述,继而引出生态美学语境与乡村历史地景方法下的乡村价值再认识与乡村可持续发展的新思路。

乡村的农业价值并不是一种单纯的价值,它混合了多种价值,包括经济价值、文化价值、社会价值、生态价值乃至家园价值。因为它的基础性和极端重要性,所以我们将它单独列出来,作为首先讨论的对象。对于乡村而言,农业是其最核心的基础。而乡村对于农业而言是其主要载体。

两者相互依赖,构成了对方的存在基础。乡村的整个社会体系都是围绕农业而生成的,村民的生产生活也是围绕农业而形成的。中国传统的农耕文化是在农业的基础上产生,并最终确立了中华民族整体的价值观。几千年来,村民们在祖祖辈辈生活的乡村聚落中,以农耕劳作为生,形成了自给自足而又相对封闭的乡土社会,以及与之相适应的社会形态和文化形态。农业对于村民而言,不仅仅是生产也是生活,是其生命存在的表现形式,更是天人合一主旨的生动体现。淳朴、善良、勤劳、勇敢是大多数中国村民的主要性格特征,同时,他们对自己脚下的土地也饱含深厚的感情,遵循天时地利、精耕细作,让有限的耕地发挥出最大的生产力,因为这些土地也是自己家庭乃至整个家族的生存根本。《吕氏春秋·审时》中的"夫稼,为之者人也,生之者地也,养之者天也。"这句话深刻地反映了中国文化对于耕作的理解。人们在耕作的同时也灌注了自己情感,通过作物的播种,生长,成熟,再到收获的一系列活动中,体验感受到了天道支配下的人与自然的和谐共处。人们最终收获的不仅仅是沉甸甸的粮食,更是一种领悟天道配合天道及上天对于自己的肯定,是一种精神上的收获。中国作为一个具有几千年农耕文明的国家,农业对于中国人而言并不是一个简单的产业,它是我们生活和文化的源头,也是中国文化的根之所在。因而,农业的文化价值是中国传统文化的基础。在中华文明几千年发展史中,农耕活动一直是中华民族最基本最主要的生产生活方式,而村民们由于长期从事农耕活动而对"应时,取宜,守则,和谐"等农耕文化价值取向有了深刻领悟,他们在日常行为中以此为准绳,由此构筑形成了乡土社会有效运行的基本法则。因此,重视乡村,重视农业,将会使我们重新发现中国文化的源头和根本之所在,是一件具有重大社会价值和历史意义的工作。同时也对解决当今农村存在的一些问题,提供了一些参照和建议。未来大农业下的手工业、种植业、养殖业等多种产业将协同并进,这不仅能有效保证乡村和农业基础地位,而且还将保障国家原料供给、粮食安全。同时,大农业还可与旅游业,文创产业相融合,产生新兴的休闲体验农业旅游、观光农业等新业态,为乡村发展、国家经济增长提供新动能。

关于乡村的文化价值,梁漱溟先生曾有精要概括:"中国文化以乡村为本,以乡村为重,所以中国文化的根就是乡村"。[12]乡村是中华文明之根,中华文明诞生于乡村。无论从北方的半坡遗址还是南方的河姆渡遗址中都可看出,乡村对中华文明形成所起到的巨大作用。千百年以来,乡村不但承载着农业生产活动,为中华民族奠定了物质生活条件。同时,乡村还孕育了一整套价值、情感、知识的文化系统,形成了"应时,取宜,守则,和谐"的文化观念,"天人合一""道法自然"的哲学思想,敬天法祖、尊老爱幼、邻里和睦、节俭循环等社会风尚,以及对天地万物、人伦现实与生命本体的深刻洞察,为中华文明奠定了厚实基础。中国的乡村创造并保存了世界上最有价值的农业技术体系和农业遗产。源自于农事活动、乡村生活所形成的乡村文化,包含了村民们对自然、社会参悟后形成的价值理念、思想观点、伦理道德与处世哲学。此外,乡村也是中华文化创新的基础。由于中国各个区域的自然条件、生产方式、文化习俗、发展机遇等因素的千差万别,乡村文化也随之呈现出个性化多样化的风貌。这种多样性是文明保持自身活力、孕育新文化的内生动力和基础。在城市文化日渐趋同的今天,乡村文化的多样性和特殊性所蕴含的巨大价值更令人瞩目。

乡村同时孕育着重要的社会价值。老一代村民以言传身教的方式自然而然地将自然哲理传递给下一代,在年复一年、日复一日的农事活动中感悟天地的智慧,由此形成了当地的风俗习惯以及村民处世行为的规范。乡村传统中礼乐教化的伦理思想、仁孝忠信的人生观、礼义廉耻的荣辱观、重义轻利的财富观、耕读传家的教育观、勤俭持家的生活观等传统的、朴素的价值观念,引导人们行为方式的民间信仰,以及村民共同讨论与制定的乡规民约,在社会调控管理中更具柔性。对当今构建和谐社会、促进人与自然的和谐关系等有着积极的指导和借鉴作用。乡村赖以生存的传统农业基础形成了乡村基本的价值观和乡村运行的基本法则,由之也产生了中国传统的农耕社会。中国传统的农耕社会是个自给自足、较为封闭的系统,"耕以供食,桑以供衣,树以取材木,畜以蕃生息。不出乡井而俯仰自足。"(《知本提纲》)在乡村内部,生活自给性强。村民生产的物资除交租外,大多数以自用为主,少量的则会拿去交换,用以换取其他生活所需物品。这些物资已经可以保障乡村社会的正常运转。因此,整个村落以农事活动为基础,辅以传统的手工业,构建起了乡村生产体系。同时,围绕传统农业所衍生的相关活动也是乡村生活活动的重要组成部分。传统农业支撑下的乡村呈现出一种生产生活融为一体的生活方式。此外,由于村域范围较为狭小,乡村实质是一个"熟人社会"。在这个人与人关系紧密的乡村社会里,更是通过血缘关系强化了这种人际纽带,并形成了宗族社会。中国人的乡亲、乡情、乡愁也来源于此。

乡村生态系统是一个复合生态系统。乡村存在于自然之中,这里有人工种植的作物、蔬菜、果树,也有野花野草、杂木树林;有人工饲养的家畜、家禽,也有野生动物。故而,乡村是一个生物与环境协同共生的系统。乡村的农田、池塘、河道、湿地等不仅是村民赖以生存的自然资源和生态基底,而且对于生物多样性的维持有着难以替代的作用。而在乡村的营建上,村民们对于村落与周边环境的关系,包括对地形、日照、水资源、气候等相关自然环境因素做出了细致研究与充分思考,并采取了有针对性的处理方法和措施,最终取得了良好的实际效果。这也是许多村庄能经受住各种恶劣天气及自然灾害,而始终屹立不倒的深层原因。其中的许多方法与措施都值得当代城乡建设生态实践借鉴。对于生态智慧而言,并不是先进技术才是好的,只要能解决实际问题,就是合适的方法。在乡村中很多时候,合理的低技术是最合适的。其实在很多情况下,对于现代景观和建筑的实践也是如此。这是由于低技术的施工难度低、造价低,且便于人们维护,同时它所达到的效果也是较为理想的。乡村强调节用循环的生态观,这种对自然资源的珍视,其本源在于人类生存所需的各种资源追根溯源均来自于自然。如何保持或延长资源的使用性和完整性,既能满足当代人的需求又不影响后代人的发展,使自然资源长期为人类所用,是有着远见卓识的中华儿女一直关注和思考的问题。村民在长期与自然互动的过程中,总结出了许多朴素实用的生态智慧,而其中的生态循环思想堪称其中的精髓。循环是任何一个生态系统在维持和运行过程中,不可或缺的环节和内容,而乡村的生态循环则是维持乡村可持续生存的重要保障。乡村的生态循环主要包括物质循环和水资源循环。其中,物质循环又包括两类。一类是农业内部的循环,主要是种植业和养殖业之间的循环。由于家禽、家畜、水产、微生物等养殖业的需求,种植作物所产生的废弃秸秆,腐败的叶果都可以得到有效利用。此外,动物所产生的粪便在发酵后又可以转化为优质的有机肥,可以补充土壤的肥力。另一类物质循环是生产和生活的循环,人类所产生的生活垃圾通过处理或是回田作为肥田肥料,得到再利用。或是作为沼气池原料,发酵后为人们提供生产生活所需的能源。乡村运转的生态循环是我们理解农业与村落关系的一个重要方面。循环观是指导农业生产的思想基础,通过生产和循环的巧妙组合,村民将种植和养殖两者有机地结合在一起,并经过长期实践检验,被证实是行之有效的方法。例如长三角,珠三角水乡的"桑基鱼塘""柿基鱼塘"就是深得循环农业要义的农业遗产。而在传统村落水资源的利用和管理实践中,村民们不仅因地制宜地开展保护与利用工作,也建立起了支撑村落经济、社会、文化发展的水综合环境。从已发现的史前文明遗址中,可发现中国早期村落普遍选址于"背山面水"近水处,这反映了水对于农业、人类生活、交通起着至关重要的作用。而先民们通过对水资源在内的自然资源进行合理配置,强调保护与利用并重,以达到资源的循环利用和乡村的可持续发展。水作为自然生态要素之一,是人类生产生活的重要载体,同时也是环境营造中主要考虑因素,它能够形成特有的环境形象,营造出独特的场所氛围。传统村落在选址时,通常选取凭坡临水的方位。这样既方便生产生活取用水,又能够防止洪涝灾害发生时所造成破坏。与此同时,村落中也常以池塘、水井、水圳、河流等水体周边的滨水空间作为公共活动中心,使得乡村成为具有归属感、安全感、认同感与向心力等空间体验的魅力场所。此外,在农业种植技术方面,多种农作物的混合套种、为提高土地产出的精耕细作、顺应天时的耕作原则、恢复土地肥力的轮作制度,以及使用绿肥的美田之法等等做法都充满了中国人特有的生态智慧。为实现与自然的和谐相处,在很多村落中都形成了诸如"取之有度、用而不匮"的生态伦理观,并以村规民约的形式来约束村民的行为,最终这些遗留至今的传统村落在几百年乃至上千年的发展过程中,都严格遵守着不滥砍滥伐、保护水源、保护动植物、维护公共环境等制度,这也奠定了村落发展的生态基础。随着全球生态危机的日益加重,人们逐渐意识到,生态问题并不是技术问题,也不是依靠政策手段或是经济、法律手段就可以解决的问题。倡导生态伦理,已经成为很多国家解决生态问题的重要途径。我国传统乡村的生态伦理,在一定程度上可以为我国的生态文明建设提供参考。此外,乡村的生态价值还体现在它能提供生态服务的功能上。生态服务的功能表现在多方面,如乡村周边的植被起到净化空气、保持水土的作用,农业生态系统在一定程度上也维护了生物的多样性。

乡村的家园价值也不可忽视。乡村处于文化与自然之间的缓冲带,它体现着人类对自然的驯化和控制。同时,乡村也扮演着帮助人们思考文化与自然问题的特殊角色。正如乡村不仅为中华民族奠定了物质基础,同时也孕育了中华民族的精神家园,塑造了中华民族的精神世界和心灵归宿。无论是乡村人居环境、生活器物,还是乡风民俗、宗教信仰、民间艺术等非物质文化,都是在村落这个空间中得以生存和发展的,与乡村休戚与共。乡村作为适宜人类生活的空间,其日出而作、日落而息的慢生活,使得人们有了选择不同生活方式的可能。对于村民而言,乡村不仅是获取各项物质生活资料的空间,也是满足交往与娱乐等精神需求的场所。而对于城市人而言,乡村所具有的安详平和怡人的环境、健康的生活方式、和谐的人际关系,为他们提供了另一种生存方式的参考和选择。乡村作为村民在长期聚居生活中形成的文化景观,是养育人类的摇篮,是生命之源。新时代,农业和乡村作为工业化、城市化的重要补充,对于正获得新一轮发展的中华文明具有重要的作用。现今,一大批与乡村有关的休闲游、体验游的兴起,是人们重新认识乡村社会价值和文化价值的开始。但是,大多数城市人还没有真正理解乡村所蕴藏的家园价值。乡村产生于人,而后又作用于人。只有让乡村与人真正产生互动,才能够产生真正的价值。乡村的振兴,乡村的农业价值、社会价值、文化价值、生态价值以及家园价值的复兴,都是中华民族伟大复兴不可缺少的重要组成部分,是中国农耕文明延续并进一步升华的重要保证,也是中国建立"文化自信"的基础和根本。

四、乡村景观保护提升相关运动经验教训

近代以来,特别是随着工业化、城市化进程的快速发展,西方国家几乎都经历了经营传统农业的乡村地区从繁荣兴盛到日渐衰落甚至陷入危机的过程。我国的传统乡村是否可以通过景观审美价值的保护及提高来摆脱发展窘境,保持或者重新获得生机与活力呢?如果可行又该如何具体开展呢?纵观人类文明史,针对乡村衰落而采取的乡村景观保护提升活动,又或可称为乡村美化相关运动,是能够带动乡村发展和乡村复兴的。乡村景观保护提升相关运动,在世界各国中多有成功案例,而在发达国家的成就则更为突出。在欧美的一些国家,例如德国、荷兰、捷克、英国、美国等国,由于这些国家较早地开始了城市化进程,因此也较早地开展了乡村景观研究与实践。而亚洲的发达国家如日本、韩国也由于早于中国的城市化进程,在乡村景观保护提升上也都有自己的经验教训。我们在梳理相关国家的经验教训的同时,也将给予中国乡村的未来之路以新的启发。

1. 德国经验

19世纪上半期,由于德国政局动荡,许多德国人为了躲避世事纷争而远居乡间生活。与此同时,巴伐利亚王国的建筑总管福尔赫尔在德国发起了"乡村美化运动"。他提出了改善耕种环境,建设和维护乡村景观、特色建筑,以及重振乡村生活的理念。该运动得到不少知名人士与权贵的热心支持,他的理念对德国乡村的保护与发展产生了重要影响。

从19世纪中叶开始至20世纪初,德国迅速完成了工业化。受当时爱国爱乡思潮的影响,德国各地为遏制乡村边缘化趋势,消除工业化和城市化对乡村景观造成的破坏,掀起了一场波及全社会的,以保护乡村自然景观为中心的"家乡保护"运动。最终,在德国境内形成了以保护乡村自然景观为目标的"自然纪念物""自然保护区"及"国家公园"三级体制。

到了20世纪60年代,在美英法三国占领区之上建立起来的联邦德国开启了给德国乡村带来根本性变化的,以优化乡村整体功能结构为目

标的"乡村重振运动"。"乡村重振运动"旨在强调乡村主动、有机地融入现代社会,在社会、经济和文化等多方面与城市形成互通和互融。乡村不再仅仅作为城市农产品的供应基地,同时也是开展休闲度假旅游活动的场所。1965 年联邦政府推出新的"乡村发展计划",1976 年又将"乡村重振"和"促进乡村发展"明文列入法规,提出以改善乡村生活和环境为目的的村镇整体规划。此外,自 1961 年开始,联邦德国举办三年一次的全国性"我们村庄更美丽"竞赛,竞赛分为县、区、州和联邦四级平台。1998 年以后竞赛更名为"我们村庄明天会更好",竞赛取向从只关注生态环境,关注表象的"美丽村庄"向关注内涵,强调"经济发展、社会进步、环境友好"下的"乡村生活品质"方向转变。除了鲜花和绿草这样的绿色景观,乡村的经济、文化和传统也受到了人们的更多关注。通过一系列的乡村重振运动,乡村变成德国现代社会的有机组成部分。乡村功能得到优化,乡村经济获得发展,乡村因此重新焕发出勃勃生机。因而在德国,乡村不只是粮食生产者的角色,更是自然景观和传统人文景观的建设和维护者、生物多样性的保护者、舒适生活和休闲旅游的提供者这样一些角色。

2. 英国经验

英国的乡村运动轨迹与德国的"乡村重振运动"不尽相同,它的兴起主要是由于英国人对英式田园乡村所代表的传统文化有着深深的眷恋。在英国人的文化和心理层面,乡村业已成为不可或缺的重要组成部分。与此同时,英国的乡村始终与国家的发展紧密结合,英国工业化的第一阶段即原工业化也是首先从乡村起步的。在英国,工业化与乡村经济社会共同发展,形成了特有的共生与互动关系。但随着英国工业化第二阶段——工业革命的持续进行,城市的蓬勃发展,促使经济繁荣,而乡村则日渐衰落。于是,英国的有识之士们开始思考乡村的存在意义与存在方式,英国乡村开始了新的调整与改造,慢慢探索出了一条新的发展之路。

19 世纪 90 年代前后,英国社会普遍认可乡村景观和传统村落能为民众们带来独特的审美体验,乡村所蕴含的自然景观和文化遗产是重构国家认同和国民品格形成、塑造的重要遗产。其后,"国家名胜古迹信托"(National Trust for Places of Historic Interest or Natural Beauty,1895 年成立,并由 1907 年的议会法案赋予权力)、"自然保护促进会"(The

Society for the Promotion of Nature Reserves，SPNR，1912 年成立）、"英格兰乡村保护协会"（The Council for the Preservation of Rural England，CPRE，1926 年成立，其后更名为 The Campaign to Protect Rural England）等组织相继成立。在乡村保护运动中，英格兰乡村保护协会的贡献尤其卓著。英格兰乡村保护协会承认社会的现代化趋势不可逆转，但也强调了应对乡村的自然景观和文化形态予以保护，必须遏制城市的无限制扩张。同时，它促成了很多涉及乡村保护法律法令的颁布。例如，1932 年英国政府颁布了第一部《城乡规划法》，1947 年通过了更具法律效力真正意义上的《城乡规划法》，以及 1955 年的《绿化带建设法》等，都与英格兰乡村保护协会的努力密不可分。

英国人对传统村落的文化景观和自然保护采取融合保护的策略。其传统村落保护的主要理念是把传统村落作为一个文化景观来加以保护，在保护中充分考虑人的感受。并认为村落的不朽价值是世代居住于此的原住民以及对村落怀有深厚情感的游客赋予的，其所承载的文化价值与生态价值远比村落所能产生的经济价值更为珍贵。此外，在英国传统村落保护与发展关系中还十分重视保持村落与其周边的自然生态在长期演化过程中所形成的共生关系，对传统村落的保护与发展被理解为"环境能力和关键自然资本的长期维护"。即使在现代的景观营造中，英国人也依然重视这种人与自然和谐共处所带来的审美体验和诗意生活，强调景观营造和传统村落保护"应当以人和自然的关系为基础"，主张宜居快乐的生活应该"与自然融合"。

在今天，英国乡村的改造与发展并非在意如何恢复农业人口增长、如何再现乡村在历史上曾经拥有的辉煌，而是表现为让传统村落既能享受城市同等的现代生活和文明成果，又能让生活在此的人们充分享受自然美景。将乡村保留为人们对历史记忆的场所，承载起国民教育与历史教育的功能。同时让人在精神上获得归属感，在人们体验乡村生活的过程中给予其无穷的精神创造力。英国乡村改造与发展的视角与生态美学内涵多有相互印证，值得在生态美学研究中进一步发掘其在理论与实践上的价值。

3. 日本经验

在 20 世纪 60 年代，日本兴起了以活化地域、重振农渔山村为目标的"造村运动"，这项运动对于日本传统乡村的保护起了决定性的作用。在早期的造村运动中，最具代表性与知名度的是福岛县三岛町的"故乡运动"与大分县的"一村一品运动"，这两项运动产生的影响巨大，意义深远。

福岛县三岛町是日本"故乡运动"的先驱，该村位于日本会津盆地西南部的溪谷山地，是日本会津桐木材的主产地。在战后日本，由于城市经济的快速崛起，致使村内人口外流严重。加之受到北美木材价格的影响，三岛町的经济形势急剧恶化，各项文化传统也因村民生活剧变导致严重衰退。于是，村民们开始自发地开展对当地自然环境和社会生活的反思与检讨，重新审视三岛町的乡村价值及发展道路，并于 1974 年开始推行"故乡运动"。这一运动强调由地方住民与都市住民在一个充满美好自然与丰富人文的"故乡"中，共同创造一个具有崭新人际关系并适合居住的环境。此外，三岛町的村民们拟定了一个特别的村民制度，每年只要缴纳一万日元的会费，就可以前来体验三岛町的人文、自然以及农业生活，鼓励生活在大都市的市民将三岛町当作自己的第二故乡。其后，三岛町持续开展相关运动，最终凝聚了村民共识，重新唤起了村落的活力。

另一个与三岛町具备相当知名度与影响力的乡村运动，是由日本大分县前县长平松守彦于 1979 年开始倡导的"一村一品运动"。此项运动的产生背景与"故乡运动"较为相似，同样是由于城市的急速发展，令村民收入和生活环境与发达城市的差距日益增大，乡村难以提供给村民一个安心工作和生活的环境，造成了村里人口的严重外流。平松守彦于 1979 年担任大分县县长后，在这种艰难的背景下，动员地方民众积极展开"一村一品运动"。他所倡导的运动模式，是发动每个村生产一个以上的特产品，以振兴"1.5 级产业"。所谓的一村一品，并不限于农产品，也可能包括文化资产，例如文化设施或是地方节庆活动等。该运动的原则中有一条与生态美学背景下的乡村聚落景观紧密相关，即乡村必须立足于乡土。在乡土中所生产的东西，无论是产品、人文或环境，首要一点要具有地域特性，要注重保留并提升原文化面貌，使传统文化得以融入现代生活，形成强化乡村自身的传统文化特色，保护和发扬地域文化。"一村一品运动"推行之后,大分县的经济收益、活力与影响力都有显著提升。

而为了促进日本各界对本国的农村、山川、渔村、自然景观及人文景观美的理解,保护并促进乡村景观,由日本农林水产省和其他有关的四个社会团体于1994年首次联合举办"美丽的日本乡村景观竞赛"活动,该项赛事的评选按照历史文化组、乡村组、生产组等分类进行。无论哪个组别,均强调乡村景观与村民生活相协调,具有鲜明的地方特色,并具备富有魅力的乡村情调。这项活动极大地激发了村民建设和改变家乡面貌的热情,推进了日本乡村景观的保护与发展。

不过需要看到,尽管日本相关政府部门与村民们多年努力,但仍然无法阻挡村内人口外流与人口老龄化的趋势。就创造地方财富而言,日本的造村运动是成功的,但并未因此吸引并留住更多的年轻人。因此,在理解城市化大趋势的背景下,还需对乡村聚落的意义重新理解,并对相关运动进行反思。无论如何,他们的成功经验与教训对于中国乡村发展,乡村景观保护乃至生态美学的践行仍有很大启示作用。

五、生态美学视角下的乡村景观价值

对于景观美学的概念和理论探讨,在相关的景观实践、早期的保护著作,及当代环境美学和景观美学产生时即已出现,这也导致了所谓的基于科学美学及非基于科学美学,或称之为风景美学与生态美学仍在进行的辩论[13]。这表明了在景观美学领域仍然存在许多问题需要我们进行深入探索。

为了缓解人与环境之间的冲突,并为所有生命形式维持健康的生态系统,生态美学以作为融合启蒙心智和现代美学的批判者身份而出现[14]。它被定义为对生态审美的理论,并作为人与自然对话的媒介。"生态美学"的倡导者声称,对生态景观的欣赏不仅仅依赖静态视觉线索,而更多的是建立在对动态,多感官和积极参与的环境欣赏,以及对环境功能的理解的基础上[15]。景观作为一种概念,即生态美学的客体,同时也是环境美学的客体,它为美学和生态学的研究提供了新的推动力。而作为基于科学的美学,生态美学在人对于景观的审美反应上持更为开放的态度。因此,生态美学更具包容性的特点,并为审美判断提供更加可靠的框架。而在生态美学维度下研究景观的框架,必须确保在维护人与自然和谐的过程中起到有益于生态、社会和经济的作用。

通过个体体验可以感知景观。而景观的逐渐呈现,它的过去和未来与如何在审美和伦理上的感知有关。从生态美学的角度来看,多样性不仅是自然的一个特征,也是文化的一个特征[16]。这里的自然和文化涉及变化、过程和区域,它们相对独立于人类的意识和活动,但又与它们有着相互作用。我们已经看到景观背后隐藏的知识、价值和信仰,正是这些因素塑造了人们的生活方式。此外,这里的价值又包括处于社会中的审美价值,以及道德价值和经济价值。传统村落作为一种文化景观,其所蕴含审美价值的重要性已经获得了广泛认可[17, 18],而这些都是通过审美体验来感知的。

近年来,快速的城市发展和农村空心化现象引起了人们对于传统村落保护的关注,尤其是那些正进行着大规模城市化进程的地方。中国传统村落拥有丰富的物质文化遗产和非物质文化遗产。因此,它们也具有较高的历史、文化和经济价值。截至 2019 年 6 月,中国传统村落名录中共计收录了五批,6819 个村落。传统村落是人类适应自然条件和利用天然材料的产物,它属于景观范畴,蕴含着深刻的生产和生活内容。传统村落是自然与人类互动的复合体,代表着和谐可持续的人类聚落形态。中国传统村落的概念聚焦于其文化内涵和独特的区域特征上,这也与生态美学有着密切的关系。在中国乡村形成和发展的悠久历史中,村民对阳光、水源、气候、地形等生态因素的处理,皆能反映出其生活方式中所蕴含的深刻生态美学内涵。

在传统村落中,村民积极开展着各种改造和适应环境的活动,制定相应的计划、方案并予以实施,以适应地方现状。此外,他们还根据实际实施效果,在初步计划执行后做出针对性的调整,此后再继续计划落实。同时,村落还辅以柔性管理,制定引导约束村民行为的村规村约。传统村落通过各种措施持续不断地为人们提供各种福利,这些福利源自乡村景观所提供的生态服务和审美吸引力[19]。与此同时,村民的感官和心智能力也以与自然规律和生态伦理相匹配协调的方式发展。然而只有非常有限的研究在景观评价时有考虑生态审美偏好因素[20, 21]。对于景观中内含的生态审美吸引力还需进一步研究推进。

乡村的独特性根源于场地自身所具有的自然特性,以及在场地事件不断发生的综合影响作用下形成的独特性。乡村的独特性总是处于一个微妙的动态平衡之中,虽在一段时间内看似保持稳定,但以更长的时间尺度来看,乡村的独特性始终处于变化之中。乡村独特性及其唯一性使得每一个乡村都具有自身存在的价值,这种价值包括伦理价值与审美价值。就伦理价值而言,每一个乡村有着相似性。而就审美价值而言,乡村彼此间则存在差异。乡村的独特性与场地内所具有的景观审美价值密切相关,并且与生活其中的人与环境之间的关系也有着密切联系[22, 23]。它所包含的自然景观与人文景观形成的景观风貌,决定了乡村的独特性。而人与环境间的关系,例如生产生活方式等,则在更深层面作用于乡村的独特性。

乡村的景观价值,特别是审美价值深刻影响着村民们的认同感与幸福感[24, 25]。同时,优秀的乡村景观品质通常是当地文化遗产重要组成部分。当把乡村景观作为旅游资源进行开发经营也可带来丰厚的经济回报[26]。

在当前中国快速发展的城市化进程中,对于多元化的乡村景观的保护已变得日益紧迫,但所面临问题也越来越复杂。景观影响着我们对世界的看法,但也是我们影响世界的一种积极手段[27]。特别是后文所介绍的乡村历史地景方法为应对乡村保护与发展问题提供了一种可行方案。希望通过我们的分析、探讨,能够为保护乡村、发展乡村提供一种基础性的指导。

六、乡村美学与乡村可持续发展

1. 引言

党的十八大报告提出,新型城镇化的特色是由偏重城市发展向注重城乡一体化发展而转变。2013年年底召开的中央城镇化工作会议对乡村发展在城镇化进程中的重要作用有了更明确的表述。随着相关系列文件的出台、政策的调整，引起社会各界对乡村的持续关注与热议。这其中涉及对乡村两个层面的重新认识：第一，什么是"好"的乡村，也即什么是"好"的乡村的评判标准。第二，如何成为一个"好"的乡村，也即乡村的发展路径。同时，在党的十八大上，党和政府还将生态文明建设纳入中国特色社会主义事业的总体布局之中。这样一些"转向""转型"信号的释放，意味着我们需要以新视角、新思路去重新审视乡村并谋求新的乡村发展道路。

为了谋取更大的发展和更加适宜的生存条件，人类对生存环境不断适应与改造，在深层次上协同演化。作为乡村地区的聚居地，乡村既是人们居住、生活、休息和进行各种社会活动的场所，也是人们进行生产劳动的场所[28]。人们在适应自然环境的同时，也深刻地影响着周围的环境，这种变化在工业革命以来尤为突出。自然曾被看作是与人对立的力量，但在经历了一系列环境问题之后，人们逐渐认识到自然应该是且必须是我们所理解与适应的一种力量。生态文明是一种强调人与人、人与自然、人与社会和谐共处、良性互动和可持续发展的新文明形态[29]。作为生态文明理论基础之一的生态美学从萌发产生到体系初成，它着眼于研究人与自然、人与环境的生态审美关系，是立足生态和美学角度构建和谐世界的"绿色"理论。

2. 生态反思下的乡村发展之路

约12000年前，由于最后一次冰期的结束，人类的生活方式开始从狩猎与采集向畜牧与农耕转变。由此诞生了乡村聚落，并开始其漫长的演化[30]。乡村聚落作为人类在乡郊地区的聚集点，人们在其中生活，他们利用周边的自然资源维持其生活，显示出一种同质化文化和一种社会通性。可以认为乡村聚落是结合了社会的、物质的、组织的、精神的和文化的因素而维持的乡村共同体。同时，乡村聚落还承担着乡村景观的空间组织功能。

选择合适的地点垦殖建屋定居只是村落的开始，一个村落的发展演进并不是一种因素单独作用的，而是受到多元复合力量的作用。对于传统村落而言,主要由其区位条件、自然资源、人口、宗教礼法、人文教育、经济生产等多种因素共同推动发展。而这些因素根据其是否存在于村落内部,是否能为村民掌握控制,可分为基础因素、内部因素、外部因素和偶然因素等不同类目。如区位条件、自然资源、人口等属于基础因素,它们存在于村落内部,在较长时期内基本为固定状态。而杰出人物、自然灾害则属于不可控的偶然发生事件,是一种偶然因素。国家权力、社会制度、交通等则属于外部因素,它们均发生于村落外部但对于村落的发展有着重要影响。而其他发生在村落内部的,且村民可以控制掌握的均为内部因素。鉴于其他几类因素的不可控制性,因而内部因素对村落发展显得尤为重要。内部因素决定了村落内生发展潜力,它是村落保持长久生命力的关键。村落发展的基本路径归纳如下图(图 26)。

图 26　村落发展路径图

　　村落发展的阶段性状态大致可归为以下三类:(1)根本转化。由乡村聚落转化成城市聚落。城市聚落并不意味着比乡村聚落更先进更文明,它是人类聚落的另一种形态,要素集中、产业集聚、规模更大,以工商业为主。这种形态转化并不是乡村发展逻辑中的必然与必须,只是某些因素推动而导致聚落形态和功能发生根本转化。(2)有机生长,即乡村保持其基本属性,而形态功能上适度调整发展。实际在这类乡村发展状态的演化中,由于村落人口增长至环境承载极限,或者是一次重大自然灾害或人为灾害等一些因素的影响导致村落重新规划建设,这在村落发展史中也是阶段性必然事件。(3)衰败直至消亡。与各种事物的发展过程一样,有孕育产生则必然会有衰败消亡的环节。大多数的乡村聚落最终都会消逝在历史的长河中。但笔者仍希望有价值的传统村落能以可持续发展的方式来维持自身的有机更新,保持鲜活的生命力,从而在比较长的一段时间内一直维持延续下去。

乡村聚落以人为核心,以建筑物为主体,以农田及山野为自然本底,由此形成一个半人工半自然的乡村聚落生态系统。乡村聚落是人类生态系统的基础功能单位,也是整个地球人类生态系统的缩影。人们单纯依靠乡村聚落生态系统内部所具有的物质流动与循环及场地本身所获得的太阳能、水能即可完成整个乡村生活生产过程。对比需要大量物质能量输入和输出的城市聚落生态系统,乡村聚落生态系统可以相对自给自足地完成整个系统运转。村民的生产生活方式可以反映特定地域中人与自然关系的发展轨迹,并在一定程度上反映人类适应和调控自然的能力。

中华民族是一个传统的农业民族,人们在对土地、自然的崇拜中形成了与自然和谐相处的传统文化,人也被看作是自然的一部分。传统村落是由村民们自发建设,经过漫长的自然式演进而逐渐形成的。村落中的水系、地形等自然因素对村落内部的道路形态、走向,建筑选址、朝向,乃至整个聚落布局都有着重要的影响。从我们所调查的村落现状来看,大多数村落与自然能够形成有机融合、共生共存的关系,可以明显看出其中"人工"实体元素尊重自然、顺应自然的倾向。诚然,我们非常清楚,今天的村落已不可能也不应该是早先的村落,它依然在演进。不管这种演进是自然主导还是人类主导,其演进的过程首先必须建立在原有的基础上,因而也必然带有村落原本的特征。传统村落在发展中所取得的经验与教训,将是制定其面向未来的可持续发展策略与规划的重要参考。以生态美学观点来看,人与自然是处于平等地位的,这种平等并不是指绝对价值相同,而是指给予自然相应的对待与尊重。在传统村落中人与自然平等关系的形成一方面是村民出于对给予自身丰富物产资源的大自然的尊重和感谢。另一方面也是受生产力制约,保持着对大自然的敬畏与谦逊态度。这种人与自然间的平衡与制衡,不仅可以维持乡村聚落与周围环境之间的生态平衡,同时也能保留和延续美的生态环境。当然在分析后,我们知道传统村落中所蕴含的只是前生态审美阶段下的生态审美,但是无论如何,它依然能够给予我们许多启示。

传统村落反映了人与人、人与自然、人与社会、人与建筑之间各种资源关系、社会关系、经济关系、血缘关系合作、冲突、平衡、完善、发展的过程与结果。这些过程与结果最终体现在村落的空间形态上。通过对传统村落的演进历程和空间形态的研究可以看出，人们为了生存和繁衍向大自然索取资源，从而构成了村落发展的动因。与此同时，自然环境和其他各种因素也左右着村落空间形态的发展。村落早期的发展主要受环境和资源等物质条件影响，而社会制度、人文教育、经济生产、宗教礼法等因素则对传统村落后期的演进起到了重大的影响。其中人文教育、经济生产、宗教礼法作为内部因素是村民自身能够控制并影响村落可持续发展的关键因素。

中国传统自给自足式的乡村生活方式早已分崩离析。由于城市化的快速推进，产业的升级发展，将越来越多的乡村人口推向城市。而乡村在城乡关系重组的过程中逐渐成为边缘化的角色。同时，乡村社会结构不可避免地受到全球化引发的变化和城市扩张的影响，在包括诸如生活方式、家庭结构、生计选择等方面，都发生了相应的变化。这些变化也引发了新的乡村聚落动态并不断重新配置乡村空间结构。中国乡村正处于不断与城市融合的过程中。一方面，这增加了城乡联系，乡村非农就业机会的增加可以提升乡村相对弱势的地位，从而重新配置空间以适应新的发展形势。另一方面，乡村需要更多地借助自身的内部力量，打造自力更生的内生式发展模式。

内生式发展模式的源头可追溯至 1971 年，由联合国社会经济理事会针对不发达地区的项目开发提出了五点共识（文献号：UN/ECOSOC 1582（L）（1971））[31]。对于内生式发展的概念，学界尚未形成统一的定义。尽管各家各派对内生式发展的理解各有侧重和不同，但还是形成了一些基本共识，主要包括：在发展过程中引入当地人并使其成为发展主体、培养当地的发展能力、保护生态环境、保护文化的多元性和独立性、建立能体现当地人意志的组织等等。

传统村落的保护不再仅仅关乎自然、风景或建筑，而是越来越关注人。如果从保护的有效性和可持续性来看，必须架起人与当地经济间的联系。村落保护发展不仅需要村民参与计划制定，更需要他们参与到计划、项目的具体实施中来。让当地人参与决策和实施是维持和强化乡村战略的关键。没有村民们的积极参与，乡村的保护与发展永远不会成功。而这一过程的基本方法是：认真倾听、真诚合作。

　　生态审美是在理论和实践上超越了人与世界的主客对立状态，放弃人类中心主义的立场，尊重并理解生态，找寻失落的生态伦理。适时的退让与尊重的对待是缓解冲突对抗的最积极有效的方法，而乡村聚落最终的目标应该是让村民将关于场地的形象与情感的关系状态融入村落之中，使其成为美好的存在，这也是人类生存努力的重要方向。伴随工业文明的不断进步，人们自我发展的欲望和追求物质的欲望被大大激发，但与此同时，人们的生活方式、文明形态却直接或间接地伤害了自然生态，造成人的身心与自然生态的疏离。日益严重的"文明病"正在侵蚀着人们的心灵，腐蚀着人类社会。参访并理解传统村落，将有助于培养人类的生态审美，使人的身心得到抚慰、重获充实，促使人们及时地调整人与自然环境的冲突，进而寻找到一种更健康、更理想，属于生态文明的生活方式。基于生态美学和生态文明的立场，未来的乡村发展可以从以下三个方面思考：

　　首先，生存是村落存在与发展最基本的条件，而生态条件是其发展的基础。因此，传统村落在发展的过程中，必须始终守住生态的底线，这是村落发展的基石。一旦生态环境发生不可逆的恶化，不仅需要漫长的时间进行修复，还会引发自然灾害的连锁反应，造成经济生产力下降、人居环境衰退。最终使得村落丧失活力，逐渐消亡。

　　其次，自然环境资源是影响村落发展的重要因素。自然环境资源不仅为村落的建设提供了材料，还为村落的经济发展打下了基础。村落的发展在很大程度上取决于人们能否对自然资源进行持续、有效的利用，开发丰富的自然资源以及合理地利用自然资源是村落发展的原动力。而通过人文教育、树立可持续发展理念、增强生产技术水平，则可促成自然资源永续利用这一目标的实现。

　　再次，生态环境是构成人居环境的基本框架，也是品质生活的保障。乡村景观作为一种地域性存在，最终也是村民们心灵栖居与精神寄托的所在。

　　我们相信，做好传统村落的保护工作将会为乡村发展提供更多借鉴。

3. 生态美学语境下的乡村评判标准

审美引导人们对乡村的感受与理解。人对美的感知是一个综合的体验过程,只有经过一段时间的感受、理解和思考,才能做出恰当的审美评价与判断。一个具有深刻"生态审美"意味的乡村不仅可以实现可持续发展,成为人们的感受与记忆,还能成为历久弥新的"传统"村落。我们认为,只有这样符合生态美学建构的乡村才是"好"的,即是一定时间尺度下相对持久的有价值的存在。具体说来,在生态美学语境下一个乡村具有以下几点,才是一个具有深刻"生态审美"意味的"好"的乡村[8]:

(1)生命力。乡村聚落的结构组成相对稳定且富有弹性(可成长性),能够持续较长的时间跨度(可持续性),体现出旺盛的生命力。

(2)可识别性。可识别性即乡村所呈现出的"地方特色",而地方特色就是"一个地方的场所感"。

(3)开放性。乡村与外部形成的信息、物资、人员的交流程度,决定了乡村的开放性。

(4)包容性。在一定地域尺度下,能够实现同类型或不同类型的村落共存,体现着一个村落的包容性。

(5)一致性。一致性是指村民们具有相似的价值观,每个村落形成了自身特有的风俗习惯。我们支持文化多样性,但同一个村落对价值的认同必须基本一致,这是一个村落和谐稳定的基础。就小尺度的村落而言,由于缺少了时空的缓冲,多样的价值观将不可避免地带来难以调和的价值观冲突,这种冲突可能以文明的形式发生,但也可能以暴力冲突的形式开展。因而,求同存异,形成基本一致的价值观对于一个村落的和谐而言,是至关重要的。

(6)协调性。具有生态审美内涵的乡村所需要的维护管理成本相对较低,资源利用少而有效,这也是体现乡村生存活力的重要标志。

"好"的乡村,能够给生活在其中的,包括现在的、可能的和未来的村民及游客提供"可靠""和谐"的场所空间。乡村的"好"或"坏"取决于乡村所具有的文化内核及其影响下的生活与空间耦合与否。乡村所孕育的和谐共生之美将引导人们回归人与自然本真的和谐状态,给予人心灵的抚慰,最终达到人与环境相互协调共处,主体互为消解,这是人获得幸福和自由的基础,也是乡村可持续发展的保证。乡村只有适应生态系统中各种环境因素,与自然生态相互依赖、共生与共存,才能使乡村的存在成为具有生态审美价值的一种存在艺术。

乡村的"美丽"或者"美好"并不单纯指一种外在形态的形式感,而是指建立在生态美学下的伦理价值与审美价值统一体。乡村作为一种复合景观,是逐渐展开的,它的过去和未来都与它如何被审美和伦理地感知有关[32]。而这可以从另一层面理解为乡村无论在过去、现在还是未来都应被视为一种异质多元的复合体,并且这种异质多元特征将随着新型城镇化乡村功能的日益多样化而不断得以加强[33]。异质多元特征不仅意味着乡村具有容纳不同景观单元种类、过程和区域的可能性。另一方面,也说明了乡村具有产生多样的乡村生活环境与生活方式的潜力。而在生态美学的指引下,我们可以尝试着从不同的角度进行探索性的思考。这种探索并非是唯一的,它包含着多种不同的理解与发展的可能。

4. 生态美学语境下的乡村发展路径

①乡村景观的感知与体验

生态美学认为,审美寓于日常生活中,它属于每个普通的人。因此,"审美"也可以看作是日常生活的延伸。生活总是与地域性和时代性相伴而发生变化,景观是对土地和生于此地的人的一种反映[28]。生活离不开空间,空间以人及其行为作为基本维度。在生态美学中,我们强调功能、价值与感受的不可分割。为了功能的目的,感受的经验可以形成一个更强烈的和更意味深长的形式,而这种形式是在相同或者相似的感知和认识的发展下形成的[34]。

乡村景观的感知,包括面向内在者的感知与面向外在者的感知。对于"内在者"即村民而言,景观是一种由集体创造的存在,它是鲜活的并具有可持续性。在内在者的世界中,人和景观是互为主体一体的,即具有生态审美关系下的核心属性——主体间性。但同时,当前乡村文化内核受到了粗放式城镇化扩张所带来的巨大思想的冲击。因此,在某种层面村民们也可能会忽视景观的存在价值,这些被忽视的价值包括乡村景观对于外在者的存在价值。而对于外在者如旅游者和"乡愁者"来说,乡村景观的形象意味着更鲜活、更生动的存在。这能满足他们回归自然淳朴的渴望,给他们以迥异于现状生活的不同体验,包括身体体验、知觉体验与审美体验。由此,乡村提供了作为景观与场所共享的可能性,乡村也因此成为城乡之间的纽带。这种纽带并不仅仅是物质、经济层面的联系与互惠互利，更是一种精神的桥梁，它促成了彼此之间的相互理解与尊重。

②乡村聚落的演化

生态美学强调以动态的视角去看待事物的形成与发展，而并非一味地追求静态均质下的统一，它遵循着异质多元下与时俱进的演化。传统乡村聚落是与社会协调发展的历史产物。当出现了新的社会结构与生活方式后，就必然要求乡村具有与之相适应的景观格局、形态结构与运转方式。而传统村落走向衰败，其背后有诸多方面的原因。一方面，由于大中城市不断吸引着周边的城镇和村落的人、物、资金向其集聚。另一方面，自然环境的恶化、交通地位的转换、生产方式的演变，以及生活方式的变迁等，这些都是造成乡村自身功能削弱的原因。那么，生态美学语境下的乡村如何才能重新获得生气与活力，又怎样才能长久维持呢？

生态美学重视寓于日常生活中的审美内涵，不追求光怪陆离的新鲜感。作为乡村景观的核心组成部分，农业景观是农业生产活动的自然的产物。农业景观的最主要问题是维持其真实性，这样的真实性是保持自身具有与时俱进最大活力的源泉，而不会因为外在者的审美偏好而将农业景观沦为"伪传统化"的道具。在农业景观中需要关注内在者的视角，将其视为承载农业价值、生态价值、家园价值与审美价值的场所，并以延展外化的手法向外在者展示其真实魅力。

产业是保持乡村地区活力的重要前提，要保证乡村的可持续发展，首先要构建起乡村的可持续产业体系。农业作为乡村产业体系的基础与核心，是支撑乡村可持续发展的产业综合体系基础。此外，农业还需要与二、三产业融合发展，形成新农业综合产业体系。这种体系将拓展农业的多种功能，包括旅游、教育、文化、健康这样一些新功能形态，给予人深度体验乡村之美的可能性。乡村地区可以根据自身的区位条件、资源禀赋、产业基础，做好自身定位，寻找到一条符合自身条件、具有自身产业优势的发展道路，从而不断改善乡村的经济结构，并形成与之相适应的社会结构和景观格局。

③地域文化的挖掘与活化

乡村是文化的载体，它承载着传承文化历史的功能，而文化内核是乡村存在与发展的思想根基。虽然传统中国乡村文化内核存在着种种不足与缺陷,但其保留的先民们独特的价值观、思维方式、技能工艺等,至今仍留给我们诸多的启迪。在去芜存菁整体性地挖掘乡村地域文化后应将其有机渗透到当下的乡村生产与生活中去[142],以活化的方式传承丰富多彩的地域文化,形成历史与当下相互交融的独特景观风貌。而一些传统的手工技艺、民风民俗、特色建筑都可以以适当的形式与乡村产业相结合,展示出来,以便让更多的内在者与外在者了解并参与到乡土文化的重建与维护中。

让村民们在日常生活中就能够看到、听到、接触到非物质文化遗产,亲身体验传统文化给生活带来的乐趣,切身感受传统文化的魅力,以此来增加村民集体的文化认同感,促进公共的价值观念及文化自觉意识的形成,使传统文化成为村民生活的一部分、成为村落共同的集体记忆,从而构建起稳固的文化空间,增强村落的文化自信心。对于村民而言,通过自身的参与,可以获得情感上的宣泄、精神上的满足和心情上的愉悦,取得娱己的效果。

在乡村活化其地域文化内核的过程中,需要结合当今"地域文化再传播与传统文化再定义"的时代背景,同时还要融入人文关怀和审美价值观教育的理念,以一种生态审美的方式去塑造绿色的、健康的、生态的世界观、伦理观和价值观。只有处理好人文环境与自然环境的和谐,才能促进生态文明下的乡村个性化可持续发展,从而达到自然生态、社会生态和精神生态的和谐与平衡,最终实现人的诗意地栖居。

④资源要素的重新配置

可持续发展需要经济,社会与环境三方面的协同进行,另一个层面也可以理解为需要各类资源要素重新整合,给予产业、社会和空间的必要支撑。在乡村的可持续发展进程中,容易忽视对人应有的重视,特别是对现代村民的正确理解。人作为构成社会的基本元素,人的可持续发展是社会可持续发展的充分必要条件,而这其中年轻人尤为关键。除了形成具有活力的产业体系,保持生态和谐的环境外,在乡村可持续发展的进程中还应充分认识并保障村民作为现代人,他们在人生各个阶段所需的精神生活需求,可以为村民们提供一些属于现代文化生活的服务与场所,如定期举办一些展览,提供一些运动休闲文化娱乐设施与场地,以此吸引年轻人重回乡村、安居乡村,而这也正是乡村保持持久活力的关键。

如果人们能够以生态美学的伦理观、价值观去配置不同资源要素,选择合适的可持续发展模式,这必将深刻影响乡村的发展与未来。通过资源要素的重新整合,能够调整乡村原有的景观结构,继而形成乡村新功能,并以此为依托实现人居环境的生态伦理化。而生态伦理化后的乡村,将是培养理想人格与和谐人文环境的基础,反过来又将促进乡村的可持续发展。因此,生态审美体验不能仅仅停留在审美欣赏上,更要在生产生活实践中将人的审美与环境景观的价值相融合。

5. 结 语

越来越完善的可持续发展理论,不仅为乡村振兴和发展提供了强大的理论支持,也在实践过程中发挥着愈加重要的作用。但因为中国地域广阔,各地乡村还存在着社会经济基础、文化背景、资源特点等方面的差异。因而,可持续发展从概念到理论再到具体实践还需要一个"在地化"的过程。笔者在生态美学语境下对迥异于城市经济、社会、环境背景的乡村所作的可持续发展探讨,也正是基于对这种现象思考的回应。

基于生态美学的视角来探讨乡村的可持续发展,将给予我们认识乡村发展以新启迪。对于审美的需要,是人的一种天性。当发展不再是单一地以经济为中心,而是将人对乡村的感知和审美贯穿其中,这就与国家政府所强调的生态文明指引下的新型城镇化相呼应。在传承地域文化,重视乡村价值的前提下,乡村的可持续发展将形成以农业为基础,地域文化有机渗透于乡村生产生活下的产业、社会与空间的融合。这样的乡村终将形成自然环境与人文环境和谐共生的生态乡村景观,也将为复兴乡村的农业价值、生态价值、家园价值与审美价值起到积极的推动作用。作为符合生态美学主旨的乡村,必然是有着开放、有机、多样但又整体统一的聚落景观。具备可持续发展品质的乡村,将获得类似生命的机能。同时其村民的感觉和精神又能与自然规律及生态伦理相互协调。因此,当人们以生态美学为指引去寻找乡村可持续发展的道路时,或许就已经意味着这种可能路径的存在意义,这或许比寻得最终的道路更有意义。因为可持续发展本身就是一种不断探索的过程,而并非一种完结的状态。

七、乡村历史地景与乡村可持续发展

1. 历史城市景观方法在城市发展的作用

乡村历史地景是以景观为视角,关注历史遗产的保护与乡村的可持续发展。虽然目前对于乡村历史地景的探索还处于理论阶段,但是历史城市地景的概念方法体系早已成熟,并在历史城市乃至城市的保护发展上发挥了巨大作用,可为乡村历史地景下乡村可持续发展提供良好的参考和借鉴。

历史城市景观的定义首次出现在《维也纳备忘录》第 7 条款中,它指的是:"任何一组建筑物、构筑物和开放空间在其自然和生态环境中的集合体,包括考古学和古生物学遗址,在相关时期内在城市环境中构成的人类住区,其凝聚力和价值从考古学、建筑学、史前、历史、科学、美学社会文化或生态学的角度得到承认。这种景观塑造了现代社会,对我们理解今天的生活方式有很大的价值。"[35] 历史城市景观的定义,暗示了一种人类生态的观点,尽管在大多数情况下,它仍然植根于有形的物质世界中,并以科学观察和测量为基本准则。但它也表明了一种向可持续发展和更广泛的城市空间概念的转变。前进的道路似乎是通过"景观"的概念,与其说是大多数保护专家所熟悉的经过设计和演变的景观,不如说是联想的景观,或者如朱利安 · 史密斯(Julian Smith)所称的"想象中的文化景观"(cultural landscapes exist in the imagination)[36]。

景观术语在应用于历史城镇时,它有助于历史城镇建筑超越城市建筑,从而转向更全面的景观尺度。当将历史、城市、景观三个名词连接作为一个新词汇时,三个公认的学术术语便与历史和联想结合在一起。正如 HUL 概念提出的跨学科行动的必要性,将城市概念化为一个文化景观将有助于澄清相关有形元素,尽管这些元素尚未被有效识别,更不用说被正确识别。

1976 年,联合国教科文组织重新修订了历史城市景观的概念,在"Recommendation concerning the Safeguarding and Contemporary Role of Historic Areas，Warsaw，Nairobi"文件中，正式推出了时至今日依然被普遍接受的历史城市景观概念。该文本中的历史城市景观概念是指在自然和生态背景下，包括考古和古生物遗址，在相关时期内在城市环境中构成人类住区的任何建筑群、构筑物和开放空间的集合体，其内聚力和价值可从考古、经济、史前、历史、科学、美学、社会文化或生态等多个角度得以确认。该文本认为景观塑造了现代社会，对理解现在的人类如何生存有着十分重要的价值。

历史城市景观是一种态度，是一种对城市或部分城市的重新审视与解读。它将城市视为在自然、文化和社会经济等一系列因素影响下形成的结果。这些过程在空间上、时间上和经验上构建了城市。而历史城市景观这个概念既与建筑和空间有关，也与人们注入城市的仪式和价值观密切相关。这个概念包含了诸如象征意义、非物质遗产、价值观念及其他相关联内涵的不同层面，也包括了一些营造实践和资源管理在内的知识。它的有用性在于融合了一种适应变化的能力。

历史城市景观将城市聚落视为由文化价值和自然价值构筑的历史层次，它超越了单纯的历史遗产概念，包括了更为广泛的城市背景及其地理环境的内涵。这个更广泛的背景包括了场地的地形、地貌和自然特征。而它的建筑环境，则包括了历史的和当代的、地上和地下、基础设施、开放的空间和花园、土地使用模式和空间组织、视觉关系以及城市结构中所有的其他元素。此外，它还包括社会和文化的实践以及与之相关的价值观、经济进程和多样性特性有关的其他非物质遗产层面。历史城市景观嵌入了当前和过去的社会表现形式和基于场地的发展。构成要素包括地形、土壤、植被，以及技术基础设施的所有元素，包括小型物体和建筑细节（路缘、铺装、排水沟、灯光等），以及元素组合构成的土地用途和样式、空间组织、视觉关系等内容。历史城市景观的形成是通过逐步演化和有计划地土地开发，是城市化进程的缩影，结合自然环境和地形条件，表达与社会有关的经济和社会文化价值，从而具有特殊和普遍的意义。

社会结构、政治背景和经济方面的持续变化对传承下来的历史城市景观进行结构性干预，是推动城市发展的一种有效手段。处理历史城市景观中的核心挑战是响应发展动态，一方面需要促进社会经济发展，另一方面也需要考虑尊重继承城市景观及其景观背景。

2. 乡村历史地景方法下对于乡村景观的理解

景观是一个超越了植物、地形、水体和建筑的集合概念。如今，越来越多的人也倾向于将动态作为景观内容的一部分。一方面，景观嵌入了当前和过去的社会表现形式和基于场地的发展。另一方面景观也承载着价值，是一系列价值的集合体。

乡村景观对于大多数国家而言，只是其疆域内面积较大的一部分，但作为存放历史记忆和延续社会价值的地方，它们在国家和地方身份的形成中扮演着非常重要的角色。特别是像中国这样一个有着悠久农耕历史和文化传统的大国，乡村景观更是有着举足轻重的作用。

乡村景观是每个村落的固有基本特征，有着山水林田村等多种景观层次。其作为一个综合系统，涵盖了历史、地貌、社会关系与其场景和环境，并具有复杂的意义和表达层次。同时，乡村景观也是一个需要人们理解、为之服务并予以加强的价值体系。乡村景观是乡村社会的集体代表，它表达了共同价值体系和共同目标的理想化条件。乡村景观的存在与延续表达了乡村社会的价值观，这种价值观是乡村集体认同和记忆的守护者，它有助于保持乡村延续性和传统感，也有利于审美愉悦和娱乐。因此，对乡村景观的维系是对乡村发展的一种积极和建设性的方法。

由于景观处于时空维度下不同因素的影响，一直处于变化之中，不断涌现的事件凝聚成动态持续的时空历史，作用于景观，发生于景观，景观也因之不断发生、不断形成、不断重塑，从而使得景观具有动态性。乡村历史地景是借由景观思维与方法延伸出的一个概念体系，因而其也具有连续动态的属性，不存在静止的或一成不变的乡村历史地景。

乡村景观的保护具有多重意义。一方面，乡村景观作为历史发展的见证者，成了建筑、景观、文化等艺术形式的载体，也因此保存了这些不同的艺术形式的遗产。乡村景观反映着当地村民的独特个性和文化传统，也反映着不同时期和阶段的中国乡村建筑、景观、文化艺术等方面所取得的成就。并且，乡村景观不仅蕴含着丰富的艺术价值，人文历史内涵，而且在生成乡村地景方面也发挥着极为重要的作用。乡村景观是当地居民处理人与自然、人与社会关系的具体体现，其景观风貌体现了世世代代居于此的村民们集体智慧和审美态度。另一方面,乡村景观是有着集体意义的乡村场所,蕴含着地方文化认同感,起到了保存乡村记忆的重要作用。乡村记忆是某一特定地域空间内的村民群体在历史变迁的过程中保存下来的有关乡村所共同拥有的记忆。乡村记忆不仅是乡村文化与精神的见证,也是村民共有的精神家园,它是村民之间以及代与代之间的精神纽带。乡村记忆是乡村文化的凝结与体现,它具有社会认同、文化规约、心灵净化与心理安慰等功能与意义。乡村记忆的缺失将会导致村民之间情感的分隔,并易导致精神认同的危机。因而乡村记忆的保存,已成为乡村变迁中极具挑战性的一道难题。建设能够保存与活化乡村记忆、维系地方文化认同感的场所,是一个需要仔细思考和谨慎对待的问题。乡村社会既是中华民族的遗产宝库,隐藏着中国传统社会的本质与价值,同时又是乡村历史记忆的档案馆,是活生生的历史教科书。自改革开放以来,特别是近十年来,我国的城镇化建设取得了举世瞩目的巨大成就。但与此同时,传统乡村及其所蕴含的乡村记忆也受到一定程度的影响和冲击,乡村的传统正在人们的忽视和怠慢中逐渐消失,一些弥足珍贵的乡村历史文化和记忆化为了乌有。而另一方面,城市中心主义正在侵蚀着乡村,城市景观被移植到乡村,景区商业化越来越普遍。缺少了传统文化内涵和情感寄托的精神家园只留下失去记忆的外壳,村民们生活在这样的村落里显得无所适从,也毫无归属感。在快速推进的城镇化过程中,要防止中国的乡村传统文化逐渐断档和变味等危机,而乡村记忆作为保存和传承传统文化的有效途径,应当引起人们足够重视,亟需采取相应措施来保护和传承。幸喜部分专家学者一直为此而努力,提出了许多可供实施的举措,包括保护并塑造记忆空间、继承并发扬传统优秀文化、开展乡村记忆的立档工作等。

保护乡村景观的同时,还需要考虑一些关联性因素:承认文化多样性如何影响价值观和保护的方法;认识自然因素和文化因素在保护景观方面的联系;迅速发展的社会和经济变化带来的新挑战;乡村作为文化遗存及乡村记忆保存的作用和日益提高的地位;确保乡村景观保护的可持续未来。

乡村景观历经数百年乃至上千年形成,它反映出各区域人与环境的复杂关系,代表了人类和环境相互作用、协同发展历史的核心价值部分,其展现的强大适应能力和包容性给予人类应对具有极大不确定性的未来以重要启示作用。乡村景观的形成是一个十分漫长过程,在各个地区各个时代,村民们都会按照自己的理解采用不同的手段对周边环境施加影响,并把它们改造成乡村景观。全世界丰富多样的乡村景观代表了多样的文化和传统,它们是人类文化遗产的重要组成部分。

乡村景观随着村民的居住、生产生活以及改造活动,在漫长的时间进程中逐渐形成并发生着改变。而村民的价值观、意识形态也反映在其影响下的环境之中。景观反映了人与环境的关系,也包含着人与自然的关系。因而,通过解读乡村景观可以了解乡村过去发生的历史活动。另一方面,因个人文化背景的不同也影响着其对乡村景观的理解。社会的多样性、群体的多样性,导致了不同个体的社会取向和文化诉求,由此个体间有着不尽相同的文化背景。而不同的文化背景又可能导致产生不同的价值观,价值观将会影响我们对待乡村景观的认知判断,会影响我们对待文化遗产的态度,以及如何平衡保护与发展之间的关系。乡村景观保护的一个目标是确立尊重不同文化背景的价值、传统和环境的乡村保护模式的运作原则,以及帮助乡村重新确认乡村景观文化遗产作为乡村发展进程的中心——承认并将其定位为未来发展的重要资源。

自然因素为人类景观的建立和发展提供了基础条件,文化因素则是在自然作用下塑造形成的景观上,叠加人类文明的影响,为景观赋予灵魂与内涵。因而,在乡村景观的保护上,自然因素起到了基础性的作用。各种介入手段首先要引导控制自然因素,将其引导至适宜范围之内。同时加强自然因素和文化因素对景观的协同促进作用。文化因素与自然因素之间有着千丝万缕的关系,两者相辅相成,共同作用于乡村景观这类文化景观。文化因素通过巧妙地借助自然因素使自己的作用成倍放大。遵从顺应自然、因势利导文化的乡村也将随着自然的演化,使自身得到良好的发展。这就是文化因素叠加自然因素对文化景观产生正反馈效应的生动例子。

与乡村紧密相连而产生的人类情感是人类文明的有机组成部分,对于文化的传承、精神的寄托乃至终极关怀都具有十分重要的意义。在人

127

们的记忆中,乡村是安详稳定、恬淡自足的象征,故乡是人们魂牵梦绕的地方。乡村景观作为一种文化遗存,无论是从历史角度、艺术角度或是科学角度去看都充满了价值。而它所拥有的价值就是乡村延续的文化根基,是乡村个性化可持续发展的坚实基础。乡村景观的文化遗存和乡村的社会经济文化正在进行着新的发展,通过加强这些不同维度间的联系,强化相互间作用,继而促成各自成就彼此的作用和意义。

今天,在乡村历史地景的方法指引下,对乡村景观价值的认知已经延伸到包括象征价值、使用价值以及社区价值等这样一些新的价值类型。其中,象征价值作为符号象征着人与自然关系以及人与社会关系的再现(representation)。由此,景观所呈现的空间叙事就会引起人们对于乡村的共情。而乡村景观的使用价值不仅包括"持续地景"在其形成直至当代依旧保持的正常使用功能,也包括"遗留地景"在更新活化后产生新的使用功能。此外在乡村景观中,社区价值的含义也发生了变化。虽然在传统乡村中宗族关系和邻里关系的消解严重地削弱了当地原有价值体系,但随之出现了多种多样的乡村社区,特别是一些沿海发达地区出现了不少由新移民组成的社区。这些社区中有为乡镇企业提供配套服务的,有为开展文创活动提供空间的,也有提供乡村休闲健康疗养服务的。虽然这些社区不一定能长久存在,但它们已然为乡村景观的价值带来了新的内容。但令人遗憾的是,迄今鲜有用于指导乡村改造的体系完整的乡村保护或乡建理论。不过我们也注意到各式各样的乡村保护和建设性倡议以及实践尝试。但这些倡议和尝试尚需时日加以证明并形成理论,纳入一个合适的具有可操作性的概念框架体系。本书所提出的乡村历史地景就是基于这方面所做的一种尝试。

3. 乡村历史地景方法下的乡村地景审美

景观是关于一处环境的整体形式和特性的概念。结合一些学者的论断,将对我们理解乡村地景审美有着重要的借鉴意义。Jerome Stolnitz教授主张,审美对于任何意识到的对象都是恰当的,也即一个人能审美地看待这个世界上的事物[38]。任何所见之物皆可因其能引起审美关注而精彩,所有对象于此并无分别。而 Paul Ziff 教授认为目至所见皆美,也即可感受到的皆美。这种观点的另一层隐含含义则是任何事物均向审美敞开[39]。

就乡村景观整体而言,其任何景观单元均无法被孤立地欣赏,必须以整体的形象来感知。乡村本身应当被视为一种供村民居住,进行生产和生存的空间与地域。乡村历史地景方法将乡村视为由塑造乡村的人类力量与自然环境因素共同作用下的结果。在时间的进程中,乡村景观最终被塑造成当下的状态。而景观的这种状态则反映了一定的人类需求、兴趣与关注。它是在自然因素以及特定的社会、经济和其他一些因素结合下有机生成的人类环境。

生态美学强调将生态学的观念作为理解人类对环境审美的途径,这是从人类生态角度关注整体人类生态系统。如果人们不顾及生态,人类环境就无从真正被理解与欣赏。同样,如果单从乡村历史地景角度而不顾及文化角度,乡村也不能全面地被人们理解与欣赏。

如果以更为直接的方式进行乡村地景的欣赏与体验,将会对乡村地景的理解更有深度内涵,而减少表面化。在了解生态学以及其他自然科学知识之后,借由生态审美,人与景观的关系将进入一种主客体相融合的状态。审美体验发生于体验者与其体验对象的融合中,此时人与景观互为主体,两者之间形成了主体间性。此外,人们对于乡村地景的审美,也将从旅行者的风景欣赏之美过渡到生活者的环境体验之美。对乡村地景的审美,这种生活环境体验是一种被自然所环绕,依偎于大地的参与性的情感。以多感官融入地景,由地景触动情感,继而产生与自然的融合感,这是人类特殊而有趣的一种体验。

乡村地景审美是复杂的、认知性的。它不仅需要人的主观性,也需要人对乡村地景的敏感。另一方面,人们对于乡村地景的审美还依赖于科学知识给予的客观性。客观性确保了人类审美判断的真实及应承担的伦理职责。对于乡村历史地景的欣赏与体验而言,情感与知识,情感与认知的融合和平衡是其核心部分。在乡村地景审美中必须搭建起审美与保护之间的联系,需要建构起能对审美对象提供基础性支持的理论,而乡村历史地景方法正是这样的一座桥梁。

4. 乡村历史地景方法下的乡村可持续发展

人即是村。所谓的乡村,既是物质的,也是精神的,既是地域的,也是文化的。乡村是人类社会发展和变化的动态参考点,是一座无穷的宝藏。

在过去的几十年里,随着各国政府与社会对乡村的内涵与价值理解的不断深入,以及对乡村在社会体系、文化体系、景观系统、生态体系中重要性的不断认识,各国对于乡村的政策也一直发生调整。在这些政策中,指导乡村开展保护,更新以及评价等方面工作都有所涉及。从全球来看,虽然未来生活在乡村的人口比重将有所下降,但乡村作为人类聚居地的重要类型,仍然有不少人选择生活在其中,他们或从事农耕为人类社会提供基本的农副产品,或追求与自然更紧密的生活和居住,又或是周末假日躲避纷繁嘈杂城市生活寻找世外桃源。乡村为许多人提供了一种能满足其需求的场所,这个场所不仅代表了历史与传统,更是一座人类与自然和谐共生的宝库。现在的普遍共识是,乡村是社会和社区价值观的重要组成部分,这些价值观对于确立个体身份、培育文化、宣传教育和促进经济发展都起着至关重要的作用。

乡村不是一个静止的物体,而是一个处于不断变化状态的空间及其相关联的关系与价值的结合体。没有任何一个遗留至今的传统村落仍然保持着其最初的状态。因为乡村是一个随着社会变迁不断改变自身以适应环境的动态有机体。其内部的物质和社会不同组分发生着演化,在动态的功能结构体系中相互作用,继而又进一步推动演化向深入而又广泛的方向发展。乡村中的每一个人都试图通过自己的实践改造来调整这个体系,使乡村朝着自己期望的方向发展,在贡献自己的力量的同时也为自己的存在留下证明。而当乡村的社会结构和村民的需求发生变化时,乡村景观也因此随之产生变化。

对于乡村的可持续发展,不仅需要关注乡村的过去和它曾经的意义,更要精心管理和引导乡村的发展和未来,使乡村获得可持续的发展机会。更好地平衡保护与发展的关系是乡村未来所需要迎接的主要挑战。自20世纪中叶伊始,随着世界范围内日益严峻的环境问题以及不断涌现的社会问题,各国政要和专家们逐渐认识到可持续发展问题的重要性,与此同时将目光投向了乡村地区。乡村地区作为面积广大、人口众多、生态环境相对优越的地域空间,在促进可持续发展方面将起到关键的作用。

可持续性首次吸引公众目光是 1972 年在瑞典斯德哥尔摩举行的联

合国人类环境会议上。作为会议中心主题，它强调必须保持基本的生态过程和生命保障系统，保护遗传多样性，并确保物种和生态系统的可持续利用。而1994年签署的奥尔堡宪章则将可持续性定义为一个创造性的、本地化的、寻求平衡的过程，包括自然资源、居民生活和文化环境，而且这些都是统一不可分割的。

对于乡村而言，可持续性的建立既需要关注过去，也需要关注未来。它是一个在不同力量之间进行调解的过程，是寻求一种均衡的过程，而这种均衡的中心就是对社会形态下价值体系的解释。今天，人们日益一致地认为，乡村是一个文化与自然的统一体，而文化可以作为乡村可持续发展的有效载体。在这里，存在于有形或无形文化遗产中的价值观有助于创造一种独特、不可替代的场所精神，这种精神对于村民身份的确立，对于地方价值观和精神的保存奠定了基础。因此，乡村保护和发展的关键是建立一个平衡、综合、可持续的过程。其基础是重新审视需要加以保护的价值观念，并将这些价值观念有力地纳入乡村规划和发展进程之中。另一方面，当人们开始关注生态环境问题时，需要采取基于生态敏感政策和做法的新生活方式，从而加强人类生活的可持续性。

此外，乡村文化遗产也应作为可持续发展的资源加以整合。乡村历史地景方法是一种尝试——它也许不是唯一的，当然也不是最后的——以反映不同社会文化传统下丰富且多样性的方式来解决乡村的保护与发展问题，以便打破保护与发展之间存在的隔阂。遗产是一个广义的概念，它包括自然环境和文化环境，也包括景观、历史地点、遗址、建筑环境，以及生物多样性。此外，它还包括收集过去的及仍继续进行的文化实践的相关知识和生活经验等信息。从广义上来讲，乡村是一种文化遗产。无论一个村落是否入围了代表文化遗产资格的名录，乡村都忠实地记录和表达着其历史发展的过程，形成各种属于当地的特征，并成为村民生产生活所依赖的不可或缺的一部分。乡村作为特殊遗产和集体记忆是不可替代的，且乡村也是现在和未来发展的重要基础。乡村作为文化遗产的观点承认了人类与土地共存的必要性，这就要求在地域范围内采取相应的保护和发展的方法。

变化是贯穿乡村整个生命周期的一种属性。随着社会的变迁，乡村经济发生着或快速或缓慢的兴衰变化。透过历史的迷雾,传统村落在应对不同变化带来挑战时所采取的种种措施无论成败与否都为我们提供了诸多启示。历史上,乡村需要不断适应气候环境变化和社会发展变化,包括各种天灾人祸所造成的变化。然而,当前世界变化的强度和速度,已远远超过了乡村和它的村民的适应速度,对乡村构成了极大的挑战。乡村需要建立一套适应新变化、新挑战和新机遇的可持续发展系统。

很明显,如果想要把乡村保护提升到一个新的水平,应对变化的措施就必须融入保护工作之中,尤其是当变化已经成为一种新力量。从两个关键方面来看,变化已成为影响乡村保护实践的重要因素。一方面,一个充满生机和活力的乡村,需要充分融入现代化,适应新潮流。要认识乡村的生命周期,包括增长、成熟、停滞、衰落和再生等不同的环节。要让停滞衰弱的乡村重获新生,就必须去拥抱变化,将应对变化作为重新激活自身的机会。尤其是在当前这种变化不断加速的情况下,变化既是挑战更是机遇。另一方面,这种变化部分源自现代社会关系网的不断扩大。这个关系网不仅是原有乡村人际关系网借助现代通信手段及交通工具发展后的自然延伸,也包括因乡村保护与发展所带来了新的利益相关者群体的加入。应对这种关系网的变化需要一种协商合作的新机制,以解决潜在的冲突可能。

乡村历史地景方法植根于乡村与自然环境之间的平衡和可持续的关系,植根于今世后代的需求与过去的遗产之间的平衡和可持续发展,因而融合了乡村遗产保护和社会经济发展的目标。

乡村遗产指的是乡村地区的物质及非物质遗产。其中乡村物质遗产包括生产性土地、乡村结构形态、水资源、基础设施、植被、聚落、建筑、中心区、交通和贸易系统,以及更广阔的物理环境和文化环境中的有形要素。而非物质遗产主要包含涉及人与自然关系的技术、科学、实践知识、传统习俗、不同时代赋予景观的文化价值和文化内涵,以及当地社区的身份及归属感的表达等其他无形要素。乡村物质遗产不仅反映了乡村的社会结构及功能组织,还反映出乡村景观从过去到现在的形成、发展和变革。乡村遗产以不同类型和层次的存在,跨越多个历史时期而交叠。乡村遗产无论是物质遗产还是非物质遗产都是提高乡村地区宜居性、促进经济发展、提升社会凝聚力的关键资源。乡村遗产的作用在社会中发生着演变，当前人们越来越接受遗产是一种具有经济价值的公共商品的观点，只要通过合理的开发就可从中获益。这种认识上的转变使得政府在对待乡村遗产上发生了深刻的变化。事实上，乡村遗产是人类未来最宝贵的资源之一。在价值认知上，乡村遗产——特别是传统村落所代表的乡村遗产——作为身份认同和社会稳定的重要决定因素，以及作为与文化旅游业有关的重要组成，可以在乡村发展中发挥重要的作用。而乡村社区是乡村有形和无形遗产的保管人，无论是在社区常驻的本地居民，还是在社区短暂停留的游客，他们都有责任承担起这种遗产保管人的作用。社区可以借助各种参与性工具，包括各种宣传、咨询、计划、文档记录及其他的参与方式，通过针对乡村不同维度的研究，确定其价值，了解其对社区的意义，并以尽可能全面的方式向游客展示这些价值。这样将使乡村社区通过与外界的交流联系，获取有益的反馈与信息，有助于保持其活力。

今天，传统村落及历史文化名村已纳入国家的保护体系中。尽管传统村落传承了中华民族的历史记忆，在人类文化遗产体系中具有重要的地位，但另一方面它们已经失去了部分传统功能，其完整性及其历史、社会和艺术价值正处于受到威胁破坏的转变过程中。因此，乡村的保护工作变得十分迫切，需要尽快有效开展起来。保护乡村的目的，不仅要把乡居民建和周围的景观作为实物来保存，还要尝试重建村民和聚落以及周围环境之间的日常生活关系，比如，将一些地方性乡规民俗和一套当地共享的价值观融入乡村的日常生活和传统活动中。因此，对乡村文化遗产的保护是保存一个地方文化意义的重要一环，而持续使用则被视为一个地方文化意义的主要特征。村民们进行的日常生活对于乡村保护具有重要的意义，因为这不仅是乡村文化遗产活化的主要途径，也是一个让乡村持续发展和保持永久活力的过程。

在乡村发展中，较之其他问题，经济发展的优先性是明确而又迫切的。因此，在乡村遗产保护过程中，需考虑如何将保护与经济发展结合起来，要充分认识乡村遗产保护的可持续性。虽然，传统文化一直被认为并不具有生产力，因为无形的文化价值很难通过经济测算来量化证明。但实际上，文化也可为许多产业与业态所用。在世界上许多国家，文化遗产被视为旅游业发展的主要推动力。伊斯梅尔·塞拉盖尔丁（Ismail Serageldin）曾说："许多文化遗产的好处并没有进入市场，或者只是不完美地进入市场。"[40]经验表明，文化在经济和人类发展方面起到了十分重要的作用，特别是一旦当文化资源得到承认而且其创造潜力得以应用，将是无所不在并具有巨大影响力的。不过，它也受到地域和人的认知的限制。从更广泛的角度来看，乡村遗产往往可以与文化产业协同合作，以此重振社会经济。在乡村这个综合体中，各种各样的文化活动构成了乡村经济功能和社会功能的不可分割的组成部分。在对待乡村贫困问题上，迄今为止，人们还没有系统地将文化遗产和相关产业视为解决乡村贫困的一种手段。

保护乡村复合体的物质与非物质存在的真实性或完整性，注定是一个漫长又艰巨的任务，而在具体实施过程中也需要不断妥协和适应。在对乡村真实性保护时，首先要保持乡村地景的真实性与完整性，其次要将地景与其主导时空下的乡村功能联系起来，只有这样的地景才是真实活态而且充满活力。作为保护过程的另一部分，乡村的社会结构也需要得到保护。因为真实性的维系离不开乡村社会结构及其相关联功能的支撑。

对于村落，特别是传统村落，如果按照严格的保护原则将真实性和历史结构的恢复置于社会经济功能之上，可能会削弱传统村落的生命力，即可成长性和可持续性。因此，为了维持乡村必要和重要的社会经济功能，在保留并进一步强化自身特征的同时，乡村必须主动地适应现代化，通过适应来完善乃至重生。

虽然乡村能够以独立的自给自足方式来延续自身存在，但从人类文明的发展趋势来看，与外界保持紧密联系的开放式的乡村生存方式才更可取。乡村应以当地的传统为内核，不断吸收一些新文化新技术、获得新动力、发生新变化，这才是乡村的应有之态。在一个开放的体系中，乡村和城市不再是相互孤立封闭的两个子系统，而是由经济活动无缝连接的聚落点，它们只是因人口密度、建筑密度、对农业或生产的依赖程度以及社会组织不同来区分。通过商品、劳动力、服务、资本、信息和技术的交流紧密相连，城乡居民都将从这种紧密的纽带联系中受益。只有实现城乡间的生产要素和资源的合理流动,保障乡村居民拥有与城市居民同样的权利,最终才能达到城乡的协调融合。

乡村地景,包括整体形态和内部的建筑与景观细节,都对乡村的特征和叙述做出了至关重要的贡献。同样重要的还有乡村中的社会模式和文化传统,两者都被认为是乡村不可或缺的组成部分,村民们的生活和交流都依赖于它。反过来,这种模式与传统也与社会环境的需求有关,需要借助村民的交流和表达来强化自身。乡村所具有的文化和精神是客观存在于乡村地景的特征之中的,这使得村民以及由个体构成的乡村社区能够在当地得以扎根发展。因而,对过去社会具有高度表现力的景观,也能够产生特别强烈的教育性和再生性影响。

乡村与环境之间需要协作。必须清醒地认识当下乡村的生产生活方式与乡村所面临的各种问题之间存在着某种关系。很多时候,人的生产生活既是一个生态过程,以物质、能量的采集和交换为主,同时也是一个文化过程,以信息、价值的收集和交流为主。而其中,生态过程是文化过程的基础,而文化过程也依赖于生态过程的正常运行。就乡村而言,只要生态过程(主要通过农业与手工业而发生)能够保持正常的运行,文化过程就能得以正常运行,并利用这种过程继续培育文化、延续文化。从整体层面看,农业与手工业应顺时代发展趋势,融入新技术和新方法,改变原先低效且需要大量人工投入的生产方式。这样才能够增加村民的幸福感、增加乡村的经济收入、提升村民的经济效益、增强社会保障的能力。当然,传统农业与手工业中涉及核心价值的部分仍应保存下去,可以以非物质文化遗产乃至生态博物馆形式加以保存。对于影响文化过程的生态过程可以提供介入措施进行协调。另一方面,我们需要加强文化中的生态文明内涵,使人们认识到自然资源的有限性,提升村民应对环境问题、贫困问题等这样一些全球问题的能力,为实现可持续发展发挥自身的重要作用。为了实现体系化的长效可持续发展机制,需要考虑纳入更多的相关因素,同时建立起更为完善的乡村管理机制。

经济手段可促进当地社会发展。而基于可持续规划设计的实践,则可改善乡村地区经济发展和环境保护之间的矛盾,提高村民的生活质量。通过乡村历史地景的方法进行开发和管理,将旅游业和服务业等新功能新业态植入,将会给乡村带来新的发展活力。但如果以不充分和不适当的方式来实施相关举措,则会导致乡村遗产遭受破坏,会给子孙后代造成不可弥补的损失。

乡村是人类共同的社会和文化资产。历史悠久的乡村文化遗产被认为是乡村文化多样性的源头。乡村历史地景方法将文化多样性和创造力视为人类社会和经济发展的关键资产,并提供了管理资产和社会变革的工具,确保了当代干预措施与历史遗产保护有效地结合在一起。在乡村发展过程中,如不能有效行使保护职责,乡村将失去其宝贵的真实性,其独特的文化多样性也会在追逐经济利益过程中逐渐丧失。

在今天的保护政策制订中有一个关键因素需要考虑,即公众对传统价值日益增长的兴趣以及围绕它的文化旅游等业态的发展。正如许多人指出的那样,旅游业因其组织和运作中存在的种种问题,对乡村而言是一把双刃剑。旅游业能在收入和就业方面给予村民巨大支持,让乡村产业类型更为丰富,实现村民多渠道收入增加。但是与此同时,也给乡村带来社会压力、环境压力等问题。一方面,当游客数量远远超过当地人口时,将改变或破坏乡村环境和村民的传统生计,甚至从根本上损伤乡村遗产。尽管存在这些矛盾和紧张关系,政府还是出台了一系列促进乡村文化旅游业发展的政策,因为旅游业是使贫困地区乡村摆脱落后境况、支撑发达地区乡村转型升级的重要手段,是促进城市与乡村良性互动,促进不同文化之间对话交流的重要依托。并且这种不同文化间的对话,最终也将使各类文化保持自身活力并持久延续。

至于乡村旅游业的最终发展结果如何,很大程度上取决于政策的制定、活动设计和执行的质量。在中国的大部分地区,旅游业已成为区域经济的重要组成部分。如果政策成功,旅游业就可以抓住乡村遗产的潜在经济价值,通过筹集资金,形成以遗产带动乡村经济发展、保护与发展协调的良好局面,并最终实现文化遗产反哺乡村社区的目标,促进乡村遗产传承与乡村的可持续发展。联合国环境规划署与世界旅游组织曾联合出版了一本关于可持续旅游的指南,指出"可持续旅游业发展准则和管理做法适用于所有类型目的地的所有形式的旅游业"[41]。在指南中,列出了使旅游业可持续发展必须满足的三个条件。首先,必须以最佳方式利用构成旅游业发展关键组成部分的环境资源,以维持基本的生态过程,并帮助保护自然资源和生物多样性。第二,必须尊重当地社区的文化真实性和社会完整性,以保护其具有传统价值的建筑和生活文化遗产,并促进不同文化间的理解和包容。第三,必须存在可行的长期经济活动,为所有参与者提供社会经济惠益,包括稳定的就业和其他赚取收入的机会,以及为本地社区提供社会服务,这些活动分配公平,有助于减缓贫穷。除此之外,报告还进一步指出,应该为旅游者提供有意义的体验,使他们对旅游体验拥有较高的满意度,同时提高他们对乡村可持续性问题的认识,最终作为参与者促进乡村可持续发展实践。

乡村是文化遗产中最丰富和最多样的表现形式之一,它由历代村民积几代乃至几十代之力而建成,是人类在空间和时间维度上不懈努力的证明。考虑到人类与其环境之间的情感联系,因而保证乡村的环境质量对于乡村的经济发展乃至社会和文化活力都至关重要。乡村历史地景可以结合乡村的自然形态、环境特点、空间组织,历史文化、经济价值来识别、保护和管理。乡村社区则通过村民的日常行为、信仰、传统和价值体系,将当地的自然风貌和文化内涵以一种独特的体验方式加以传递。只有亲身参与和体验,才能真正欣赏和理解这种乡村生活的美。

《关于原真性的奈良文件》第 13 条指出:"根据文化遗产的性质、文化背景及其随时间的演变,真实性判断可能与各种信息来源的价值相联系。资源的方面一般包括形式和设计,材料和物质,使用和功能,传统和技术,位置和环境,精神和感觉,以及其他内部和外部因素。"[42]这些资料的使用,使我们能够详细地阐述被审查的文化遗产中包含的具体艺术、历史、社会和科学方面的内容,及其结构、设置、使用、联想、含义、记录、相关的地方和相关的对象。乡村历史遗产地区的规划设计必须尊重历史、场地原有景观和周边环境,并包括应对未来旅游等产业发展后可能带来负面影响所采取的防范措施。

从根本上说,传统村落是历代村民所创造的景观和文化叠加而成的。今天,对乡村进行重新规划设计时,规划设计师们必须深入到乡村中去,真正体验乡村,透过规划设计加强村落的传统特征及对时代的适应,即表达其特殊的历史、社会和文化背景与内涵,并使生活生产基础条件符合时代发展脉络。其中,尤其需要关注的是乡村地景在文化上的可持续性,即在形式和功能上确保与历史环境的连续性和兼容性。

关于文化遗产设计一般性准则包括特色、规模、形式、选址、材料、颜色以及细节等。这些准则可用以指引乡村地区的新发展,即如何维持和加强独特性和地方感。在创建新景观时,应当侧重于营造具有关键节点作用和具有历史意义的场所,使村民尽可能地了解乡村演化发展的进程,并尊重精神和物质之间的关系。文化遗产保护尤其需要关注公共空间的设计,特别应注意功能、规模、材料、照明、街道设施和植被等等。

在对乡村历史地景进行评价、规划、设计与管理工作时,应采用一些技术工具以确保乡村遗产的完整性和真实性。而在使用这些技术工具时,应尽可能对乡村发生的变化进行监测和管理,以改善乡村空间的功能布局,提高村民们的生活质量。与此同时,还应考虑绘制文化和自然特征图,对环境影响进行充分评估,以支持可持续性执行并确保规划和设计的连续性。在这些技术工具中还包括实体功能性干预,这种方法的核心关注点之一是:能够在不损害由乡村肌理和形式获得的特征和重要性所衍生的现有价值的情况下,通过改善村民现有的生活、工作和娱乐条件,调整乡村空间场所的用途,以提高村民的生活质量和生产效率。这也意味着,要在对历史环境进行价值评估的基础上,恢复和增加高质量的文化表现形式。

在乡村历史地景的设计中,除了一些复杂的技术外,通常还要关注一些低技术、常识性的可持续性实践——简单化和本地化的技术。这些技术包括优化自然采光、遮阳和通风,使用可再生的自然能源,消除浪费和污染,以及减少材料本身所消耗的能量等等。在具体设计过程中,还应紧密结合当地的环境,例如小气候、地形和植被等因素影响,做好应对工作。

八、两种语境融合下的乡村可持续发展

我国城镇化初期存在一定程度重经济轻生活的倾向,结果一定程度上造成空间的异化。后来国家提出"新型城镇化"的方针,开始确立以人为本的空间实践,明确了空间生产效能"以人为本"的需求方向。新型城镇化在发展乡村产业的同时,注重对有着丰富历史文化遗存的空间以及相关联物件进行完整的保护和提升。而生态美学指引下的乡村历史地景方法为新型城镇化提供了另一种发展可能,通过继承与发展传统历史文化及相伴产生的地景,乡村将会获得新内涵并将更新再生,这对于乡村在新时代的发展有着重要的指导意义。

审美的本质是审美者与审美对象之间认知与情感的相互作用,是两者之间的一种对话。审美在人对乡村历史地景的感知与评价中至关重要。但与此同时,审美也具有依赖人类体验的形式和特征。因而在乡村历史地景语境下,审美成了衡量乡村生活品质的中心标准。另一方面,对乡村历史地景关注的背后信念和价值,涉及地景何以成为当前的状态,它又将如何变化如何发展,以及如何调整。从实质上看,这涉及科学层面与伦理层面。虽然从生态审美理论来看,这两个层面都归结于生态审美之中,但仍然需要更加细化具体的目标体系予以支持。

乡村历史地景方法强调的是景观的整体规划和景观间的有机结合,也即我们所称的地景。地景系统赋予了每个景观单元以重要价值和内涵。并且由于乡村环境具有某种开放性和不确定性,乡村历史地景具有审美内容非中心性的特点,即对乡村中任何一个景观的审美均需联系其所在的整体地景系统进行审美。而生态美学理论维度则赋予乡村历史地景中的每个景观单元以实际意义,同时也再一次强调了景观单元间的相互关系的重要性。

对于乡村的审美,应包括理解产生乡村景观的力量以及对景观的描述。这种力量与描述既有自然生态层面的内容,也有历史文化层面的内涵。在这两种力量的共同作用下,乡村呈现一种秩序井然的世界,同时这两种力量也赋予乡村内涵、意义和美,赋予乡村历史文化特性和审美魅力。而且随着时间的推移,历史文化在发展过程中将会获得更多、更具有普遍性的审美魅力。由此,乡村历史地景就从最初的以自然秩序审美,逐渐融合了历史文化,形成具有文化内涵的审美魅力。因而,自然生态与历史文化这两个维度就是本书依赖并倡导的生态美学与乡村历史地景视角。

由于景观存在的不确定性和综合性,它持续地处在被创造和再创造过程中。因而在它们身上发生的所有事件,都在持续地塑造着它们。对乡村景观的审美,可以从乡村历史地景和生态美学中汲取指导性价值观、视域与方法。与此同时,我们还须关注文化和生态。传统村落之所以能够体现出独特的生态审美价值,是因其具有生态适宜性和文化可持续性。

从生态美学理论来看,对景观所进行的审美活动,是包括景观和人自身在内的整体性的全部实在。这里的实在不仅包括人们生活的物质世界,也包括人们大脑中的意识世界,此时的景观与人相融合。生态美学更多地偏重于关注这种景观实在的宜人性和人们精神享受的意义。因而,以生态美学考察乡村地景审美活动时,需要全面综合地运用自身感觉认知器官来进行综合评价。

在前面的章节中,我们已对生态美学语境下的乡村可持续发展与乡村历史地景方法下乡村可持续发展做了基本阐述。事实上,乡村历史地景方法的核心在于,从乡村不同历史层面和从可持续演化角度,关注如何达到乡村遗产的保护与乡村发展之间的平衡关系。它们结合的手段可以是多样的,像评价、管理、规划和设计等都可运用到乡村历史地景方法下乡村可持续发展中去,并发挥各自不同的作用。当然还可以在方法论层面为乡村的可持续发展提供指导。而从生态美学视域考察景观,其首要任务是确认人与景观两者各自的主体性,以及互为主体下如何完成互动和融合,更多的是在审美价值观、审美伦理和审美方法论层面给予我们以新启示。如果能结合两种理论在各自聚焦领域中的优势,乡村的可持续发展能否获得更深刻更完整的指导启示呢?以下围绕一些关键词展开讨论。

1. 关键词讨论

【乡村美学】生态美学是人类通过研究生态问题,逐步成熟起来的美学理论。生态美学的奠基者意识到生态思维不仅有助于解决生态问题,同时对传统美学的观点与立场也会起到变革作用,从而真正构建起人与环境、人与自然和谐的审美世界。生态美学的目的是促进人与自然,人与环境之间的和谐关系,使人们更好地生活在其中。对于乡村聚落而言,"环境"不仅是一个物理区域,它还包括了人与自然、人与环境的相互作用,包括人类的实践以及在此基础上逐渐形成的文化。与环境的相互作用有助于构建对人类有意义的空间,赋予其社会属性和经济属性。生态文明指引下的环境建设,既要保护文明发展已取得的成果,又要保持生态环境的可持续性。关于生态美学的研究,也从最开始关注人与自然、人与环境的关系,范围逐渐扩展到如何重建人与自然,人与环境,人与自我,人与人,人与社会的和谐关系。生态美学能够提供新的视角,改变人们固化的思维模式,在人们的审美意识和思想意识转变上起到积极的理论指导作用。

生态美学主要是以人与环境的生态审美价值观作为准则,对人与自我、人与人、人与环境之间关系做出新的阐述和解释。就生态美学视角下的乡村而言,其不仅是一个历史的连续体,同时也可以理解为一种美学模式。在充分理解乡村发展进程,特别是在对于乡村文化和乡村地景理解的基础上,寻找可为现代乡村发展提供具有指导意义的原则和模式。同时为新时代乡村的保护与发展实践,提供一条既充满丰富历史经验与智慧,又能对未来发展有所把握,具有一定前瞻性的道路。

从美学角度来看,乡村审美是对乡村环境及生活在其中的人,以及他们的生产生活行为和派生出的文化进行综合性审美体验。乡村审美内容丰富、体验深刻,包括对自然的审美,山川、植被、虫鸟都可以作为审美的对象。这些审美对象既是人类赖以生存的生态环境的重要组成部分,也是体现乡村环境特色的重要组成部分。自然既可以为人们带来生活的必需品,也可以使身在其中的人获得丰富的审美享受和人生感悟。乡村审美还包括对乡村聚落活动及其衍生事物进行的审美。这类审美对象涵盖了村民们日常的生产生活行为及与之关联的人工要素部分,包括建筑、设施、工具、家具等人工创造的实体对象,以及内容广泛的非物质文化。这些都是乡村社会的客观存在,是村民改造世界实践的产物,是人们美好生活的载体。乡村文化深刻影响着村民的行为心理,是人们对现实世界的一种能动反映和审美概括。对乡村的审美贯穿于生态审美所涉及的实体层、价值层和审美层三个层面。就景观概念与生态美学概念间的对应关系而言,乡村审美中的乡村景观概念涵盖了乡村审美对象中整个的实体层。也因此,我们倾向于采用"乡村地景"一词来指代这种强调综合统一的乡村景观。乡村地景是由乡村祠堂、寺庙、民居、牌坊,古井、巷弄、古树等物质文化遗存和非物质遗存与当代人居环境共生产生的一种文化景观系统,受自然环境、社会环境、经济环境、政治环境的变化而呈现动态发展演化。

著名的环境美学家、美国学者阿诺德·伯林特博士认为:"某些提出环境伦理和美学之间有内在关系的学者认为,环境中有关伦理价值基础的问题,从根本上来讲是一个美学问题。"[43]乡村景观的审美价值来源于乡村中所蕴含的深刻的审美内涵。一旦乡村脱离其赖以生存的土壤,脱离了乡村历史地景内涵,就意味着其美的消亡。

【乡村文化】乡村见证了这样一个事实,即随着文化的不断积累,乡村文化的丰富性和多样性终使乡村的文化价值得以彰显。因而,乡村文化的保护、再生成和利用就成为乡村价值延续的基础之一。传承文化并不意味退守过去,而是向过去学习、向历史致敬,将历史经验与当下行动相结合,寻找未来发展的可能性。

乡村是一个仍在发展演化的动态系统,乡村社会的经济和自然所发生的变化均需理解并纳入管理的因素。乡村景观作为乡村的表征,在连续的时空中融合自然和人工等各种因素,代表了乡村在时间维度上所呈现的各种表现形式。

任何文化——包括乡村文化——一个重要决定因素是其场所精神[44, 45]。场所感是古代场所精神的当代表达方式,它是一个地方的守护精神。在场地脱离其精神和象征意义的今天,场所感即是相对简单的地方感,指一个场地的地方性质表达,即使短暂的停留驻足也可感受到。而乡村作为地方历史文化的承载者,乡村历史地景中一草一木一砖一瓦,都蕴含了当地的传统文化和工艺技术,体现了地方文化特色。

乡村在漫长的形成过程中,经历了种种文化的洗礼,那些延续至今的文化就成了属于乡村自身特有的文化印记。从生态美学角度看,土地与人具有同样的主体地位。乡村与土地融合形成了大地景观,即地景。大地景观作为乡村的一个重要组成部分,积淀了人类丰厚的历史与文化。乡村在各自的演化历程中形成适合人类生产生活的聚落模式,成为大地景观的重要节点。

乡村文化是乡村振兴、人心凝聚的黏合剂和发动机。在实施乡村振兴战略的过程中,需要转变重经济轻文化的发展理念,乡村振兴离不开文化振兴。中国的乡村,而不仅仅是传统村落,需要回归文化之根,但又不局限在原有的文化框架内,需要在继承传统的基础上重构中国的乡村文化。本书倡导的生态美学与乡村历史地景方法就是基于文化振兴、乡村振兴目的所做的一种尝试。文化的影响是潜移默化的,但又是巨大而深远的。以先进文化引领,挖掘中华优秀传统文化和地方特色文化,可以帮助村民形成良好的观念与思维方式,并进一步提升他们的文化素质,这将在根本上解决乡村振兴的动力来源问题。乡村文化振兴,就要树立中国特色社会主义文化自信,引导乡民自觉学习中华优秀传统文化,传承优秀地方文化;创造性转化、创新性发展传统文化和地域文化,激发乡民文化创新创造的活力。

乡村的保护利用,一种思路是从传统文化挖掘上着手,发展文化创意产业和旅游休闲产业,以文旅产业带动乡村发展,使原住民安心乡村,同时形成开放、多元、灵活的运作机制,有效吸引外部资本、人才,为乡村发展注入新的活力;通过产业增强乡村的自我"造血"功能,活态延续传统村落的乡土文化。

乡村保护和可持续发展的目标之一是维护文化的多样性,增强文化的表达能力,促进多元文化间的平等对话,以文化在可持续发展中的中心作用来促进社会凝聚力,从而最终实现乡村遗产共享,美好家园共建的大好局面。

【乡村文脉】文脉/语境(context)之所以重要,是因为它表达了意义,也因为它承认一个地方的特征因素。理解乡村景观的美,不单是要理解空间的物理性质,无论是人为建造的还是自然形成的,此外还包括去了解当地居民居住生活时所呈现的方式和状态。空间的形成不仅取决于建造它的人,也取决于在这些空间里居住的人,他们通过自身的生活方式和状态创造出空间的意义及其精神品质。乡村并不是历史文化和乡村结构的总和,而是一个具有历史文化、自然特征和社会关系的使得场景和环境具有十分重要的现实意义和表达层次的复杂系统。

确保乡村文脉延续的必要性,在于它可以延续传统村落的优秀品质,同时形成新的发展模式。可持续性可以认为是文脉的延续与再升华。从某种程度上看,可持续性重新塑造了乡村与其土地和环境的关系。

　　【乡村生活】乡村，不仅仅是一种生产空间，更代表着一种生活空间，它有着一种与城市不同的生态环境与文化氛围。传统村落中的乡村生活是人与自然环境高度和谐的典范。通过力田稼穑的乡村生产劳作，使得人与自然环境建立起自然朴实的情感纽带，而这种情感远比置身其外的赞美更为真挚。生态美学下的生态审美不是一种自上而下的俯视，而是彼此之间的凝视。有生命的人与没有生命的土地只有通过融合两者的体验，才能消除两者间的距离，才能真正体现主体间性。这就是故乡、家园这类词语总是与土地有着紧密关联的关键因素之一。这也正是乡村有别于城市之所在，乡村和乡村生活才显得如此弥足珍贵。

　　当前，乡村缺乏吸引力留不住人的原因之一，就是基础设施落后。要想提升改变这样的现状，就需要"内外共建"。这里的"内"是指乡村房屋内部基础设施和设备条件的改善，如水电，网络等建设；而"外"则是指保障道路通达，人与物资能够方便进出，建筑外观与自然环境相协调，并根据乡村人口规模设置相配套的公共服务设施，例如乡村图书馆、运动中心、公共休闲聚会场所、剧场、美术馆、展览陈列馆等等。通过一系列乡村"内外共建"措施，达到乡村生活宜居目标。在欧美，自霍华德提出田园城市理论后，各国的乡村即开始了大规模的改造运动。亚洲日本、韩国等国也开始了乡村发展与振兴之路的探索。通过有序的整治，以农田、果园等呈现出优美的景观，大大推动了旅游业，促进了生态和经济的发展，为乡村生态良性循环创造了有利的条件。目前，尽管我国乡村的社会环境和基础条件与发达国家对照还有不小差距，但"内外共建"的乡村振兴运动正轰轰烈烈开展之中，不少人怀有浓厚的乡土情结及归园田居的想法。为此，如能借鉴成熟的国际经验，解放思想，因地制宜，探索出一条既能延续乡村传统特色又符合当代人生活所需的发展道路，则乡村振兴必然大有可为。

　　【情境化与适应性】景观是一种情境，其性质与特征因与人类的体验相联系，在一定层面反映了自然的人化。同时，景观也因为自然的人化而成为被人类世界关注的对象。乡村则是村民生产生活的场所，村民全部的体验均可发生于此。

　　乡村景观的内部元素、外部背景及与其他物质实体相互组合形成的景观复合体所表达出的特定秩序以及适应性功能,对村民的利益诉求、观念文化的表达,是乡村审美的中心。乡村历史地景的产生、维护、欣赏是与人的需求、活动乃至与人的目的息息相关。

如今,传统农业和传统村落已经成为过去时。在现代农业与城镇化的推动下,乡村发生着巨变。虽然这种改变也带来一些负面作用,但总体而言这场变革将是乡村重获活力,村民获得更大幸福感的契机。因此,需要各方相关人士适时调整思路,将乡村导向更适应时代发展的新路子。农业为乡村产业根本,需要适时将传统农业向现代农业提升,促使乡村经济获得新发展。现代农业并不意味必然是那种机械化大尺度的消耗型农业。结合中国的国情和地形地貌看,很多地区并不适合引入这种消耗型的农业体系,仍会在一定程度上继承具有良好稳定性的传统农业方式。如何突破此类乡村的发展瓶颈,使其在新时代发展背景下延续地脉文脉,保留自身特征的同时,又注入新活力,适应时代获得新发展,将是乡村振兴工作中的难点之一。

生态美学视角要求在最广泛意义上,将乡村景观感知为人与自然共同创造的景观,并将功能适应作为景观可持续的指导性观念。在此认识下感知乡村为一种与天地共生的生命有机体。民居、农田、山林相互有机结合在一起,文化、历史也融入其中,最终成为适应人类生存发展需求的乡村历史地景。

【乡村价值】想要进行乡村振兴与发展,首先必须理解乡村价值,需要厘清两组概念——村民(居住者 the resident)与住所,游客(过往旅客 the transient)与风景。

对于旅行者而言,环境之于他是风景的概念,他只是一名路经此地的观光者,他的所见所闻对他而言只不过是风景视角下的内涵事物。而对于居住者而言,他的所见之物则是环境,是自然因素和人文因素综合演化的结果,是有着内涵与意义的外部空间。居住者根据他所了解的事物性质与演化过程对环境进行欣赏与体验。居住者与环境的关系其本质是自我与周围的基本关系。

理解乡村地景并理解乡村地景的美,不仅仅要理解它是人工建造或自然生成的物理空间的性质,还包括要去理解当地居民居住生活呈现的方式和状态,理解村民通过自身的生活方式和状态创造出空间的意义及其精神品质。人与空间的关系是动态的,随着时间发生演变,生活在空间中的人始终在变化。诺伯格·舒尔茨回顾了海德格尔的"Aufgehen"的概念,将其翻译为"presence",存在一个日常生活的空间,所有的"地方"在创造环境的整体中合作。"生活世界"是诺伯格·舒尔茨提出的一个基本概念,它不仅包括定居点,也包括定居点的自然环境[46]。在他看来,一个空间从一个"地点"变成一个"场所",是因为生活"发生"在那里。乡村的价值不仅与建筑和空间有关,还与人们在村落中的生活和遵守的传统息息相关。

景观是人地关系的体现,乡村景观是具有特定景观行为、形态和内涵的景观类型。事实上,不仅是特定的乡村景观需要保护,整个乡村地区的景观范畴都需要进行整体性保护,即我们所说的乡村历史地景层面上的保护。除了乡村物质实体空间的保护外,社会文化因素对乡村的建构作用也开始获得重视,与乡村有关的文化遗产逐渐被纳入保护范围。

生态美学融合自然科学,生态伦理与存在主义的部分观点导入对象特性观念。它关注的对象是什么,为何这样,将会如何。"我"该如何看待与对待对象,以及对象与"我"之间的关系。自然科学揭示了对象为何物,为何这样以及将会如何。生态伦理指导我们该如何看待对象,存在主义则揭示了"我"与对象间的关系。

由于乡村景观属于文化景观,因而还需融合人文科学导入其相应的对象特性。在乡村历史地景视角下,隐于景观身后的是历史和文化。通过对其历史文化的分析解读,将获得呈现这种景观的描述。这样,在乡村历史地景的欣赏与体验中,人们的反应与感受被导向了历史与文化的维度。

文化传统与文化景观的审美体验密切相关。因而,乡村历史地景需通过与历史文化进行相互比照,了解当地居民的文化传统,有助于理解乡村历史地景在该文化体系中的含义,以及当地村民在乡村历史地景呈现中所反映出的种种意图。乡村历史地景的审美需要审美者依据其不同个体,以及与乡村相关联文化背景赋予的不同景象去欣赏。

乡村的历史地景是区别于其他乡村景观的一项重要参考内容,乡村历史地景是地理环境、历史文化以及人的共同作用下的结果。华北堡寨、西北窑洞、江南水乡、福建土楼、西南山寨等等都代表了不同文化内涵的乡村历史地景。它们在反映环境的同时，也是一种文化的载体，而这种"不同"的文化正是区别乡村地景辨识度的重要标准。

【乡村产业】在中国传统村落中，村民们开展的乡村生产活动基本上是对自然的轻度开发，是利用和强化自然的过程，而非对自然进行根本的改造。乡村的生产方式、生产类型、生产规模等受区域自然地理的制约较大，是社会生产与生态系统共生与竞争的结果。

乡村生产活动是村民与景观互动的媒介，以农业生产为主的乡村生产活动，深刻地影响了乡村自然景观、人文景观，并以此共同塑造了乡村景观特征。

随着长期的农业积累，中国在地方自然资源的利用、环境营造与管理等方面，形成了对传统历法、种植营造规范和地方种植技术等经验的积累。与此同时，在传统农耕社会影响下，中国乡村形成了深厚的人地关系和特殊的地方社会组织模式。从文化景观的视角来看，乡村地景中的物质与非物质层面的内容，大部分与农业相关联。结合景观的动态性来看，乡村地景在根本上反映了人与自然相互间联系与协作的过程。而农业是支撑乡村地景形成并维持的基本条件。结合农业开展乡村地景的研究及实践介入，有助于地方景观的可持续改善。

在一些传统的乡村社区，经过农耕生产形成了在地资源的循环利用、空间场所的共享和协作模式，同村的人需要相互帮助才能完成生产，更好地生存。在很多时间节点，农业活动需要依靠多人乃至整村相互帮助共同协作才能完成。因此，以农业为纽带是建立村民记忆、历史生活和社区场所的基础；以农业为桥梁可使村民重新恢复先辈们掌握的自然知识、农耕技术、本地经验等，重新认知社区空间及资源的机遇；以农业的转型升级作为行动纲领，将进一步推动乡村环境的整体改善。

2. 路径的讨论

目前，大部分传统村落延续了原有的生产生活模式，除了少量的生活设施和生产资料需要依靠外部输入外，基本可以实现自给自足，乡村的生态环境整体较为和谐。随着中国城镇化进程的不断加速，乡村地景也随之发生了巨大变化。新型城镇化建设在某些局部也有因不当举措,致使产生乡村空间结构与产业发展需求不匹配、原有乡村空间形态急剧崩塌、乡村原有历史风貌消失、乡村生态环境失衡等一系列亟待解决的问题。因此,因地制宜地走出一条适应当地的可持续发展的道路迫在眉睫。

在生态美学的指导下,将有助于突破传统的人类中心主义,能够以可持续发展的眼光来审视乡村历史地景保护与乡村发展工作,促使人们认识到生态环境的重要性,重新建立与环境、与自然的和谐关系。人与环境是相互依存的关系,环境并不是供人们消遣的对象,它是和我们同样存在的主体。人与环境的关系一旦遭受破坏,其修复过程漫长而又困难。人类保护环境,与自然和谐相处,最终受益者还是人类自身。通过深入理解生态美学,寻找到与自然、环境和谐共生的审美观、伦理观和价值观,将其运用于乡村历史地景保护与发展中,巩固并加强乡村历史地景价值,同时推动乡村获得新发展。

融合生态美学和乡村历史地景的方法即在不破坏生态环境的前提下,把土地和历史文化资源进行合理对接的过程。核心是通过人与自然之间的对话,把乡村景观与历史文化环境统一起来,以此为人们提供一个舒适、优美、安全、健康的生存空间及一个可持续的乡村生态系统。这就要求人类所开展的各项活动均不能违背生态和谐的原则。乡村只有达到人与自然、环境、生态系统的协同共生才能实现聚落、产业与自然的共同发展,并不断地完善乡村聚落景观以适应时代变化与人的新需求。

可持续发展要求生态、经济、社会获得良性发展,人类生态系统内部各构成要素之间形成良性互动。这不仅要解决人与自然的和谐共生的问题,同时还要满足人类对于物质、精神等方面的需求。融合乡村美学和乡村历史地景的方法就是运用这两种理论改造自然、优化环境、延续文脉、完善聚落功能的一种途径,是集开发、利用、保护为一体的动态过程。

可能的路径【乡村多元价值与景观多功能的耦合】

认识到乡村多元价值的平衡,对实现可持续发展具有十分重要的作用。关注乡村景观多功能的发展、乡村地域景观特征的维系、乡村景观资源的协同管理以及乡村社区居民的参与,是乡村历史地景承载自然和文化特征延续的关键。

（1）实现乡村振兴和乡村可持续发展需要乡村多目标平衡和多功能的融合。一个物质丰裕、社会稳定的乡村，其景观应该具有多功能性。只有当村民从乡村历史地景的保护中获得良好收益时，村民才有进行景观保护的意愿和动力。另一方面，得到国家和当地政府在管理事务上的支持也是至关重要的，政府必须将一定的管理权下放，让地方自己尝试解决问题的办法。从国内外乡村的发展历程来看，乡村保护的成功与否与价值认知的发展密不可分，单一价值的保护并不具有可持续性。实现乡村的可持续发展，需要维系社会、文化、生态、美学、经济等多元价值间的平衡。未来，中国乡村的发展可以通过协调乡村多元价值和融入乡村多种功能来实现乡村的全面振兴，从而避免单一价值标准下出现"乡村博物馆化"或"乡村异化"等情况。

（2）在乡村振兴和乡村可持续发展过程中应注重保护乡村景观多样化的特征。由于中国地域辽阔，乡村与乡村之间在自然环境、历史文化、经济条件等方面存在较大差异，因而乡村历史地景也呈现出多样化的特征。在乡村振兴中，应基于乡村各自的环境禀赋和文化特征，制定出不同的保护政策和发展模式，以适合各类乡村的发展需求。

（3）乡村振兴和乡村可持续发展离不开村民的积极参与。近年来，我国一直在强化村民在乡村保护与发展中的主体地位，但村民真正能参与到乡村保护的成功案例较少。一方面，由于村民与外来开发商对乡村核心价值的认知模糊错位，过于强调经济利益而损害了乡村环境效益、社会效益和文化效益。另一方面，村民由于自身经济地位上的弱势，往往在开发环节处于被动参与、缺乏话语权的位置。而国外这方面成功的案例中既有政府的主导，同时也离不开民间组织的推动和乡村社区居民的积极参与。乡村历史地景方法倡导社区价值，提出以乡村社区自主组织进行乡村治理，更强调村民自主及乡村社区共同参与的乡村社区更新。由于中国传统村落中宗族血缘关系观念影响深远，因而至今仍保留着一些自发组织的宗族血缘协作机制。但这套机制需要与时俱进，结合时代进步融入新的内容。在乡村振兴的过程中，需要充分调动乡村居民的积极性，对村民开展乡村价值的宣传，设立村民可参与的渠道激发村民的文化认同感。促进乡村向乡村社区的转型，这种转型将使乡村在自身的保护与发展中发挥更多主观能动性，而村民也能成为乡村管理和发展的真正主角。乡村社区的出现将有助于建立一个相对完善的协调乡村生产生活发展的组织管理体系，以平衡乡村多元价值关系，将乡村景观多功能与之有效融合，从整体上推进乡村振兴与可持续发展。

可能的路径【基于乡村历史地景遗产价值的综合保护与利用】

乡村历史地景是乡村居民与自然互动的产物，是人类社会和全球生态系统的重要基础，它不仅为人们提供食物、原材料以及身份认同感，还有助于对这片土地的保护（包括自然、环境、土壤、水文网络），有助于将乡村文化（包括技艺、环境知识、文化传统等）传递给下一代。

在乡村历史地景视角下，乡村景观都具有遗产价值，当然景观单元间遗产价值会有大小不同的区别，而且在遗产特征上也不尽相同，有着丰富的多样性。因而，开展基于乡村历史地景遗产价值的综合保护与利用工作时，首先需要忠实地记录乡村历史地景，继而科学客观地评价乡村历史地景的遗产价值。在这一环节中需要认识到村民是乡村信息的重要保存者，其掌握的信息对于遗产价值的正确评估有着重要作用。因而需促使村民积极参与到乡村历史地景信息库构建的工作中来。与此同时，还需推动政府机构、研究机构和公益组织之间就信息共享、技术支持、组织管理等方面展开广泛而持续的合作。鼓励专家学者和当地居民共同参与编制清单目录，以此作为有效规划、决策和管理的基础。最终协同多方力量共同参与政策制定与过程监督，形成可操作的方案。

其次，要就历史地景遗产价值的综合保护与利用制定有效的目标和政策，选择适当的工具和方法，形成长期的行动计划。同时兼顾短期目标与长期目标间的平衡，不断监督和评估实施效果，为长期目标的最终实现不断调整行动计划。行动计划中要明确采取动态保护、修复、创新、适应性转化、维护等不同的行动策略，进行乡村历史地景的常态化管理。

然后，在乡村历史地景框架下制定乡村保护与发展相关政策时，可以将重点放在对遗产价值的保护、提升和转化上，确保本地村民具有较高的生活水平和质量。村民在很多情况下能够帮助塑造并维护乡村历史地景，因而对其利益的充分保障是获得其支持与参与的关键。

此外，还要不断提升村民，包括乡村决策者、管理者关于乡村历史地景作为遗产的物质及文化载体的认知。对于乡村历史地景的遗产价值，需在村民群体中加强沟通，有效传递其中的重要信息。可通过组织共享学习、教育、能力建设等分享活动加以传播，加深人们对乡村遗产价值的认知。同时，还要在行动计划中使用各种工具、方法，吸引村民积极参与其中。

可能的途径【变革中的乡村管理与乡村规划设计】

融合生态美学和乡村历史地景的乡村管理与乡村规划设计，必须以人与环境、人与景观共生为基础而展开。管理者和设计者需要认识到，乡村历史地景是活着的、动态的文化遗产，需要珍视并支持文化多样性以及人与自然和谐相处的方式。明确乡村历史地景的保护与发展必须以当地的社区和当地的村民为主体，高标准的乡村生活服务设施和高质量的服务将有助于促进乡村活动的健康开展、乡村历史地景的维护，以及乡村文化的传承发展，最终实现社会与景观协同发展共生演化。在进行具体的管理规划设计时，需要遵守以下几条基本原则：

（1）最小化原则，即人类的活动不能破坏自然的生态平衡，不能违背自然发展的规律，在保证村民生产和生活正常进行的同时以自然环境的承载能力为前提，要将人类对自然的影响和破坏降低至乡村生态系统自然修复能力范围内，始终保持乡村生态系统的平衡。乡村不但要有舒适宜人的生活环境，也要有和谐优美的生态环境。

（2）可持续原则，制定一套利于乡村可持续发展的方案，不仅要以满足乡村获得发展为目的，还要满足自然、文化的可持续。要善于合理利用乡村系统的自组织能力和调节能力，从而实现人与环境的和谐发展。在制定方案的时候，要综合考虑乡村当地的实际情况，做到因地制宜地去考虑问题。由于每个乡村都有各自的特征特点，因而只有因地制宜制定方案，最终才会取得良好的结果。

（3）动态性原则。乡村、乡村历史地景仍在不断发生着演化。从更长的时间尺度来看，乡村地景在形成稳定的景观之前，可能需要数十年乃至上百年的时间调整。而一旦当它形成稳定的结构，则意味着其具有相对复杂的结构和协调的功能。同时，它抵抗外界的干扰能力也将得到增强。因此，在制定方案时需要积极地引入系统反馈机制，这样就能在实际执行过程中及时有效地应对各种可能遇到的问题。这种系统反馈机制一部分来自于生态系统自身的调节能力,而另一部分来源于人类社会的协调机制。在乡村可持续发展的过程中,除当地社区和村民外,上位管理者,各领域的专家及社会各界需要共同参与到乡村规划设计环节中去,只有通过不断对话、协商,才有可能不断解决乡村发展中所遇到的具体问题,保持乡村良好的可持续发展态势。

管理层在制定乡村的可持续管理战略时,需要关注乡村历史地景在文化、自然、经济和社会等不同方面的关联和联系;找到适当的方式和方法,在社会经济文化发展与环境资源的长期可持续利用,遗产保护与村民短期内提升生活品质的需求之间寻求平衡点;支持对乡村景观实施公平治理,鼓励所有的利益相关方积极参与到乡村景观遗产的管理和监测中来,并肩负起相应的义务和责任;引进更先进或集约的农业新技术和新方法,大力扶持乡村产业集群化多元化发展,推动乡村公共设施和公共服务建设等;注重乡村综合效益的发挥,将乡村环境治理和经济目标纳入统一的管理框架下,乡村发展目标可设定为"推动经济和社会复兴""实现全体社会成员的公平""增强乡村的自我价值"等;乡村发展政策强调综合性,突出城乡一体化发展,增加对当地经济和社会可持续发展的充分思考。

在规划层面,将规划由机械使用管制工具转变为乡村相关者介入下的地区决策管理角色。这不仅有利于促进当地乡村的经济发展和社会福利发展,也有利于保护和提升当地的自然风光、动植物资源以及乡村文化遗产。在乡村可持续发展规划阶段,需要关注乡村景观格局,积极引入乡村开敞空间概念,将乡村生态林地、农用地以及村落周边的人工绿地有效保护起来,这几类土地是乡村生态稳定与经济发展的基础,也是人与自然亲密接触的纽带。对乡村进行自然的、人文环境的保护,重点是对于乡村聚落的保护,包括对于村落空间结构的保护与控制,引导建筑与自然环境的和谐统一,以及对村落历史风貌、民俗艺术和日常习俗的保护。乡村景观规划要基于人与景观共生发展的原则而展开,人对环境的改造活动不能违背人与环境互利、共生、和谐、统一的基本价值观。因而,乡村景观规划的重点在于探讨人的活动与自然环境之间相互影响、相互作用的关系,只有在协调乡村历史地景资源开发与保护,尊重人与自然环境之间的关系的前提下,才能将景观资源的经济价值发挥到最大程度的优势。

在设计层面,主要需考虑如何将人工介入的设计对乡村地景造成的影响降到最小,对生态环境的破坏降到最低,并引导乡村地景整体朝着生态、和谐的方向发展。进行生态美学视角下的乡村景观设计,需首先对乡村地景进行深度的研究和充分的探讨,考虑如何才能满足人们的审美需求。每个乡村都有属于自己的独特历史和文化,而为了新介入的景观在功能上能够对现有地景形成良好的补充,又能在形式上达到两者的相互融合,就必须对所在乡村的历史和文化进行深入研究,根据当地的地方特色并配合规划设计者的创新思维和有效认知,最终达到令人满意的结果。如此一来,既能增强乡村历史地景整体的文化内涵与价值,也在形式上给人以全新的体验和心理上的愉悦。

生态美学理论与乡村历史地景方法是随着时代发展而产生的新理论、新方法,它从根本上破除了人与环境、人与自然之间的割裂。人们在进行乡村景观规划设计时,应根据时代发展的趋势,摒弃陈旧的审美思想,培养自身的生态价值观、伦理观和审美观,用生态文明理论来指导乡村景观规划设计与乡村管理工作。

审美体验是个人通过审美与对象的相互作用,景观审美体验则促进人对环境的感知和互动。为了增强并提高人们的审美体验,在乡村景观的营造过程中,需要考虑引导人们主动进行审美活动,加强人们的主观能动性,以获得更大的身心自由。不同的乡村景观为村民和游客提供了不同的审美体验。乡村景观作为空间环境,为人类进行审美体验的可能性提供了充分的支持,当人们在审美体验活动中享有更多的主动权和选择权时,就会增加进行审美活动的意向,空间环境的适宜度与人们的审美体验呈正相关。因此,在乡村空间的管理规划设计中,应当按照不同的空间环境特征进行有针对性的保护与利用。只有思考好人的审美如何与环境融合时,乡村景观才能更好发挥作用,创造出丰富的空间环境。

九、写在最后的话

信息的洪流钝化了我们的感官，我们生活在一个不再惊叹，偶尔感动的时代。人们钟爱稳定，不愿意去改变我们习以为常的世界，这源于我们身体里的惯性和惰性。只有当那难以捉摸的时间点来临，观念变革才得以进行。现在，这个时间点已经到来，需要调动社会各界力量共同参与到这场变革中，该行动起来了。

土地是有限的、稀缺的，但更稀缺的是人类生生不息的创新能力和组织能力。生态美学和乡村历史地景方法给予我们新的思路，新的工具，让我们更好地迎接乡村振兴与乡村可持续发展吧！

周虽旧邦，其命维新。是故君子无所不用其极。让我们期待未来的乡村吧。共勉！

参考文献

第一章

［1］张小林.乡村概念辨析［J］.地理学报,1998(04):365-371.

［2］周晓虹.传统与变迁——江浙农民的社会心理及其近代以来的
嬗变［M］.北京:生活·读书·新知三联出版社,1998:42-44.

［3］Council of Europe（CoE）. Guidelines for the Implementation
of the European Landscape Convention（2008）［DB/OL］.
Available online:www. coe. int/en/web/landscape/guidelines-
for-the-implementation-on-the-european-landscape-convention.
Cited 1 Aug. 2019.

［4］Olwig K R. This is not a landscape:circulating reference and
land shaping［M］//European rural landscapes:persistence and
change in a globalising environment. Springer,Dordrecht,
2004:41-65.

［5］Lewis P. Axioms for reading the landscape［J］. The
interpretation of ordinary landscapes,1979,23:167-187.

［6］Claval P. The languages of rural landscapes［M］//European
rural landscapes:Persistence and change in a globalising
environment. Springer,Dordrecht,2004:11-39.

［7］Cosgrove D,Daniels S.,Baker A. R. The iconography of
landscape:essays on the symbolic representation,design and
use of past environments［M］. Cambridge University Press,
1988:1.

［8］金其铭.农村聚落地理［M］.北京:科学出版社,1988:1.

[9] 王向荣,李炜民,朱祥明等.景观与生活[J].风景园林,2010,
(2):202-208.

[10] 王声跃,王龚.乡村地理学[M].昆明:云南大学出版社,
2015:49.

[11] 张京祥,张小林,张伟.试论乡村聚落体系的规划组织[J].人文
地理,2002,(1):85-87.

[12] 鲁西奇.散村与集村:传统中国的乡村聚落形态及其演变[J].
华中师范大学学报(人文社会科学版),2013(04):113-130.

[13] 孙艺惠,陈田,王云才.传统乡村地域文化景观研究进展[J].地
理科学进展,2008,027(006):90-96.

[14] 王云才,刘滨谊.论中国乡村景观及乡村景观规划[J].中国园
林,2003,19(001):55-58.

[15] UNESCO. Operational Guidelines for the Implementation of
the World Heritage Convention(2005)[DB/OL]. Available
online:http://whc. unesco. org/document/137843. Cited 15
May 2018.

[16] Taylor K. On What Grounds Do Landscapes Mean? [J].
SAHANZ,1997:228-234.

[17] Good A H. Park and Recreation Structures[M]. Princeton
Architectural Press,1999:VII.

[18] 马惠娣.休闲:人类美丽的精神家园[M].北京:中国经济出版
社,2004:78-79.

[19] Council of Europe. The European Landscape Convention
[DB/OL]. Report of Council of Europe Conference.
Available online: https://rm. coe. int/CoERMPublic
Common SearchServices/DisplayDCTMContent? documentId
=09000016802f80c6. Cited 1 Aug 2019.

[20] Phillips A, Clarke R. Our Landscape from a Wider
Perspective[J]. Countryside Planning:New Approaches to
Management and Conservation,2012:64-82.

［21］Geddes P. Cities in Evolution：An Introduction to the Town Planning Movement and to the Study of Civics［M］. London：Williams & Norgate，1915.

［22］Cullen G. The Concise Townscape［M］. New York：Van Nostrand Reinhold Co. ，1971.

［23］UNESCO. Vienna Memorandum on "World Heritage and Contemporary Architecture‐Managing the Historic Urban Landscape" and Decision 29 COM 5D（2005）［DB/OL］. Available online：https：//whc. unesco. org/archive/2005/whc05-15ga-inf7e. pdf. Cited 20 March 2020.

［24］Agnoletti M. Valorising the European rural landscape：the case of the Italian national register of historical rural landscapes［M］//Cultural Severance and the Environment. Dordrecht，Springer，2013：59-85.

［25］Magnaghi A. The role of historical rural landscapes in territorial planning［M］//Italian Historical Rural Landscapes. Dordrecht，Springer，2013：131-139.

［26］Petrillo P L. ，Di Bella O. ，Di Palo N. The UNESCO World Heritage Convention and the enhancement of rural vine-growing landscapes［M］//Cultural Heritage and Value Creation. Cham，Springer，2015：127-169.

［27］Boriani M. Landscape Quality and Multifunctional Agriculture：The Potential of the Historic Agricultural Landscape in the Context of the Development of the Contemporary City［M］//Sustainable Urban Development and Globalization. Cham，Springer，2018：239-249.

［28］Austad I. The future of traditional agriculture landscapes：retaining desirable qualities［M］//From Landscape Ecology to Landscape Science. Wageningen，Kluwer Academic Publishers，2000：43-56.

[29] ICOMOS. Charter-Principles: analysis, conservation & restoration of architectural heritage (2003) [DB/OL]. Available online: https://www.icomos.org/charters/structures_e.pdf. Cited 15 Aug 2017.

[30] ICOMOS. Burra Charter for the conservation of places of cultural signicance (2013) [DB/OL]. Available online: http://www.gdrc.org/heritage/icomos-au.html. Cited 8 June 2019.

[31] Silva A., Roders A. Cultural heritage management and heritage (impact) assessments[M]// Proceedings of the Joint CIB W070, W092 & TG International Conference: Delivering Value to the Community, 2012: 23-25.

[32] Plieninger T., Höchtl F., Spek T. Traditional land-use and nature conservation in European rural landscapes [J]. Environmental science & policy, 2006, 9(4): 317-321.

[33] de San Eugenio-Vela J., Barniol-Carcasona M. The relationship between rural branding and local development. A case study in the Catalonia's countryside: Territoris Serens (El Lluçanès) [J]. Journal of Rural Studies, 2015, 37: 108-119.

[34] Mydland L., Grahn W. Identifying heritage values in local communities[J]. International Journal of Heritage Studies, 2012, 18(6): 564-587.

[35] Waterton E., Watson S. Heritage and community engagement: collaboration or contestation? [M]. London: Routledge. 2013.

[36] Australia ICOMOS. The Burra Charter. The Australia ICOMOS charter for places of cultural signicance (2013)[DB/OL]. Available online: http://openarchive.icomos.org/2145/1/ICOMOS-Australia-The-Burra-Charter-2013. pdf.

Cited 9 July 2019.

［37］UNESCO. Vienna Memorandum on world heritage and contemporary architecture（2005）［DB/OL］. Available online：http：//whc. unesco. org/archive/2005/whc05-15ga-inf7e. pdf. Cited 15 Aug 2019.

［38］UNESCO. Document for the integration of a sustainable development perspective.（2015）［DB/OL］. Available online：whc. unesco. org/document/139146. Cited 12 Aug 2019.

第二章

［1］韦尔施. 重构美学［M］. 陆扬, 张岩冰译. 上海：上海世纪出版集团, 2006：3-4.

［2］住房城乡建设部、文化部、国家文物局、财政部. 住房城乡建设部文化部国家文物局 财政部关于开展传统村落调查的通知（2012）［DB/OL］. Available online：http://www. mohurd. gov. cn/wjfb/201204/t20120423 _ 209619. html. Cited 1 Aug 2019.

［3］葛德石. 中国的地理基础［M］. 开明书店, 1945：1.

［4］Wilson E O. Biophilia：The Human Bond with Other Species［M］. Cambridge：Harvard University Press, 1984：1.

［5］Kellert S R. , Wilson E O. The Biophilia Hypothesis［M］. Washington, D. C. ：Island Press, 1993：1-2.

［6］阿多诺. 美学理论［M］. 王柯干译. 成都：四川人民出版社, 1998：125.

［7］王向荣, 李炜民, 朱祥明等. 景观与生活［J］. 风景园林, 2010, （2）：202-208.

［8］张京祥, 张小林, 张伟. 试论乡村聚落体系的规划组织［J］. 人文地理, 2002, （1）：85-87.

［9］申明锐, 沈建法, 张京祥等. 比较视野下中国乡村认知的再辨析：当代价值与乡村复兴［J］. 人文地理, 2015, 30（6）：53-59.

[10] Monaghan P. Lost in places [J]. Chronicle of Higher Education, 2001, 47(27): 14-18.

[11] Bourassa S C. The aesthetics of landscape[M]. New York: Belhaven Press, 1991: 9-49.

[12] Koh J. On a landscape approach to design and eco-poetic approach to Landscape[C]//European Council of Landscape Architecture Schools. New Landscapes, New Lifes. Proceedings of the 20th Annual Meeting of the European Council of Landscape Architecture Schools. 2008: 12.

[13] 罗素. 中国问题[M]. 秦悦, 译. 上海: 学林出版社, 1996: 159-160.

[14] 李约瑟. 中国科学技术史(第4卷): 物理学及相关技术(第3分册: 土木工程与航海技术)[M]. 王铃, 鲁桂珍, 协助. 北京: 科学出版社, 1971: 64-69, 76.

[15] 王竹, 钱振澜. 乡村人居环境有机更新理念与策略[J]. 西部人居环境学刊, 2015, 30(2): 15-19.

[16] 王路. 村落的未来景象: 传统村落的经验与当代聚落规划[J]. 建筑学报, 2000, 25(11): 16-22.

[17] Cajete G. Look to the mountain: An ecology of indigenous education[M]. Durango Colo: Kivaki Press, 1994: 74-86.

[18] 郭琼莹. 自然制造-生态公共艺术[M]. 台北: "行政院文化建设委员会", 2005: 1-22.

[19] Carlson A. On aesthetically appreciating human environments [J]. Philosophy & Geography, 2001, 4(1), 9-24.

[20] 曾繁仁. 生态美学基本问题研究[M]. 北京: 人民出版社, 2015: 111-142.

[21] 费孝通. 江村经济: 中国农民的生活[M]. 北京: 商务印书馆, 2002: 159.

[22] 周晓虹. 传统与变迁: 江浙农民的社会心理及其近代以来的嬗变[M]. 北京: 生活·读书·新知三联出版社, 1998: 42-44.

［23］ Stea D. Space，territory and human movements［J］. Landscape，1985，Autumn 15：13-16.

［24］李立.传统与变迁江南地区乡村聚居形态的演变［D］.南京：东南大学出版社，2002：74.

［25］卢晖临，李雪.如何走出个案——从个案研究到扩展个案研究［J］.中国社会科学，2007，(1)：118-130.

［26］李青.景观形态学视角下的山西古村落特征及其保护［D］.太原：山西大学，2009：6.

［27］俞孔坚.景观的含义［J］.时代建筑，2002，(1)：15-17.

［28］ Lynch K. Good city form［M］. Cambridge：MIT Press，1984：121-131.

［29］吴家骅.景观形态学——景观美学比较研究［M］.北京：中国建筑工业出版社，2000：309-333.

［30］丁来先.自然之美的理论还原［M］.文史哲，2004，(1)：129-133.

［31］孙莹，肖大威，王玉顺.传统村落之空间句法分析——以梅州客家为例［J］.城市发展研究，2015，(5)：63-70.

［32］Doxiadis C A. Ekistics，the science of human settlements［J］. Science，1970，170(3956)：393-404.

［33］Lefebvre H. Rhythmanalysis：Space，time and everyday Life［M］. New York：Bloomsbury Academic，2004：73-83.

［34］阿尔多·罗西.城市建筑学［M］.黄士钧，译.北京：中国建筑工业出版社，2006：23-61.

第三章

［1］Giddings B，Hopwood B，O'Brien G. Environment，economy and society：Fitting them together into sustainable development［J］. Sustainable development，2002，10(4)：187-196.

［2］Strange T，Bayley A. Sustainable development linking

economy，society，environment［M］. Paris：OECD，2009：27.

［3］Magee L，Scerri A，James P，et al. Reframing social sustainability reporting：towards an engaged approach［J］. Environment，Development and Sustainability，2013，15（1）：225-243.

［4］James P. Urban sustainability in theory and practice：Circles of sustainability［M］. London：Routledge，2014：41-104.

［5］樊海林.论乡村可持续发展及其产业结构优化［J］.经济问题，1998，3：37-40.

［6］王松林，郝晋珉.区域农业-农村可持续发展评价体系的建立与应用［J］.中国农业大学学报，2001，6（5）：49-55.

［7］刘彦随，吴传钧，鲁奇.21世纪中国农业与农村可持续发展方向和策略［J］.地理科学，2002，22（4）：385-389.

［8］黄焱，孙以栋.乡村聚落的生态审美诠释——以浙江传统村落为例［J］.建筑与文化，2016，153（12）：232-237.

［9］申明锐，沈建法，张京祥，赵晨.比较视野下中国乡村认知的再辨析：当代价值与乡村复兴［J］.人文地理，2015，30（6）：53-59.

［10］Monaghan P. Lost in places［J］. Chronicle of Higher Education，2001，47（27）：14-18.

［11］费孝通.乡土中国（修订本）［M］.上海：上海人民出版社，2013：253.

［12］梁漱溟.梁漱溟全集（第一卷）［M］.济南：山东人民出版社，2005：612-613.

［13］Brady E. Environmental aesthetics［M］// CALLICOTT J，FRODEMAN R. Encyclopedia of environmental ethics and philosophy. Ed. Vol. 1. Detroit：Macmillan Reference，2009：313-321.

［14］Cheng X Z. On the Four Keystones of Ecological Aesthetic Appreciation［M］// Estok S. C，Kim W. C. East asian ecocriticism：A critical reader. London：Palgrave Macmillan，

2013：213-228.

[15] Gobster H P, Nassauer I J, Daniel C T, Fry G.. The shared landscape：What does Aesthetics Have to do with Ecology? [J] Landscape Ecology，2007，22(7)：959-972.

[16] O'Neill B J. Ecology, policy, and politics：Human well-being and the natural world[M]. London：Routledge，1993.

[17] Saleh M A E. Environmental cognition in the vernacular landscape：assessing the aesthetic quality of Al-Alkhalaf village, Southwestern Saudi Arabia [J]. Building and Environment，2001，36(8)：965-979.

[18] Rahman A A，Hasshim S A，Rozali R R. Residents' preference on conservation of the Malay traditional village in Kampong Morten，Malacca [J]. Procedia - Social and Behavioral Sciences，2015，202：417-423.

[19] Klein L R. Quantifying relationships between ecology and aesthetics in agricultural landscapes[D]. Washington State University，2013：70-98.

[20] Musacchio L R. The ecology and culture of landscape sustainability：Emerging knowledge and innovation in landscape research and practice [J]. Landscape Ecology，2009，24：989-992.

[21] Wu J. Landscape of culture and culture of landscape：Does landscape ecology need culture? [J] Landscape Ecology，2010，25：1147-1150.

[22] Bourassa S C. Toward a theory of landscape aesthetics[J]. Landscape and Urban Planning，1988，15(3-4)：241-252.

[23] Frederick W C. Nature and business ethics[M]// Frederick R E. A companion to business ethics. New York：John Wiley & Sons，2008.

[24] Hä gerhall C M. Consensus in landscape preference

judgements[J]. Journal of Environmental Psychology，2001，21(1)：83-92.

[25] Kurdoglu O，Kurdoglu B C. Determining recreational，scenic，and historical - cultural potentials of landscape features along a segment of the ancient Silk Road using factor analyzing. Environmental monitoring and assessment，2010，170(1-4)：99-116.

[26] Ewald K C. The neglect of aesthetics in landscape planning in Switzerland[J]. Landscape and Urban Planning，2001，54(1-4)：255-266.

[27] Jorgensen A. Beyond the view：Future directions in landscape aesthetics research [J]. Landscape and Urban Planning，2011，100(4)：353-355.

[28] 王向荣,李炜民,朱祥明等. 景观与生活[J].风景园林,2010,(2):202-208.

[29] 沈清基.论基于生态文明的新型城镇化[J].城市规划学刊,2013,206(1):29-36.

[30] 徐建春.浙江聚落:起源,发展与遗存[J].浙江社会科学,2001,(01):32-38.

[31] United Nations Centre for Regional Development(UNCRD). Expert Group Meeting（EGM）on Integrated Regional Development Planning，28-30 May 2013，Concept Note[DB/OL]. Available online：http://www. uncrd. or. jp/content/documents/993IRDP％20EGM％202013％20-％20Concept％20Note. pdf.

[32] Von Bonsdorff P. Agriculture，aesthetic appreciation and the worlds of nature[J]. Contemporary Aesthetics，2005，3(1)：1-14.

[33] 韩非,蔡建明.我国半城市化地区乡村聚落的形态演变与重建[J].地理研究,2011,30(7):1271-1284.

［34］刘士林. 论艺术与城市文明［J］. 社会科学评论，2007，(2)：
6-21.

［35］UNESCO. Vienna Memorandum on world heritage and
contemporary architecture （2005）［DB/OL］. Available
online：http://whc. unesco. org/archive/2005/whc05-15ga-
inf7e. pdf. Cited 15 Aug 2019.

［36］Smith J. Marrying the old with the new in historic urban
landscapes［J］. World Heritage Papers，2010，27：45-51.

［37］UNESCO. Recommendation concerning the Safeguarding and
Contemporary Role of Historic Areas，Warsaw，Nairobi
(1976)［DB/OL］. Available online：https://unesdoc. unesco.
org/ark：/48223/pf0000114038. page ＝ 136. Cited 15
July 2019.

［38］Stolnitz J. "The Aesthetic Attitude" in the Rise of Modern
Aesthetics［J］. The Journal of Aesthetics and Art Criticism，
1978，36(4)：409-422.

［39］ZiffP. （1979）Anything Viewed. In：Saarinen E.，Hilpinen
R.，Niiniluoto I.，Hintikka M. P. （eds）Essays in Honour of
Jaakko Hintikka. Synthese Library （Studies in
Epistemology，Logic，Methodology，and Philosophy of
Science），vol 124. Springer，Dordrecht. Available online：
https://doi. org/10. 1007/978-94-009-9860-5 _ 17. Cited 15
Sept. 2019.

［40］Serageldin，I.，Martin-Brown，J. Culture in sustainable
development：investing in cultural and natural endowments
(1999)［DB/OL］. Proceedings Washington，D. C. ：World
Bank Group. Available online：http://documents.
worldbank. org/curated/en/100961468770395932/Culture-in-
sustainable-development-investing-in-cultural-and-natural-
endowments. Cited 15 July 2019.

［41］United Nations Environment Programme. Division of Technology，Economics. Making tourism more sustainable：A guide for policy makers［M］. World Tourism Organization Publications，2005：11.

［42］ICOMOS. The Nara Document on Authenticity（1994）［DB/OL］. Available online：https：//www. icomos. org/charters/nara-e. pdf，Cited 7 January 2019.

［43］Berleant A. ，Carlson A. The aesthetics of human environments［M］. Peterborough：Broadview press，2007：28.

［44］Durrell L. Landscape and character［J］. Spirit of place：Letters and essays on travel，1969：156-163.

［45］诺伯舒兹.场所精神：迈向建筑现象学［M］.施植明译.武汉：华中科技大学出版社，2010：18-23.

［46］Norberg-Schulz，C. Architecture：Presence，Language，Place［M］. Milan：Skira editore，2000：28.

图书在版编目（CIP）数据

从乡村地景、乡村美学到乡村可持续发展 /
黄焱著. —杭州：浙江大学出版社，2021.7
ISBN 978-7-308-21197-0

Ⅰ. ①从… Ⅱ. ①黄… Ⅲ. ①农村生态环境－生态环
境建设－研究－中国 Ⅳ. ①X321.2

中国版本图书馆 CIP 数据核字（2021）第 052015 号

从乡村地景、乡村美学到乡村可持续发展

黄　焱　著

责任编辑	赵　静　冯社宁
责任校对	董雯兰
封面设计	周　灵
出版发行	浙江大学出版社
	（杭州市天目山路 148 号　邮政编码 310007）
	（网址：http://www.zjupress.com）
排　　版	杭州好友排版工作室
印　　刷	杭州良诸印刷有限公司
开　　本	710mm×1000mm　1/16
印　　张	10.75
字　　数	165 千
版 印 次	2021 年 7 月第 1 版　2021 年 7 月第 1 次印刷
书　　号	ISBN 978-7-308-21197-0
定　　价	48.00 元